LE TOUR DU MONDE
en
80
verres
環遊世界八十杯

積木文化

「高腳杯……

　　是如此充滿詩意。」

　　加耶頓・佛賽（Gaëtan Faucer）

LE TOUR DU MONDE
en
80
verres

環遊世界八十杯

橫跨五大洲經典酒款，
一杯接一杯展開世界品飲之旅

亞德里安・碧昂奇
Adrien Grant Smith Bianchi

著

朱爾・高貝特潘
Jules Gaubert-Turpin

著

韓書妍　譯

目錄

作者介紹

朱爾‧高貝特潘（**Jules Gaubert-Turpin**）和亞德里安‧碧昂奇（**Adrien Grant Smith Bianchi**）兩人從學生時代就是好友，近五年來一同旅行，拓展對圖像與佳釀的共同愛好。他們共同創作了《典藏葡萄酒世界地圖》（*La Carte des Vins s'il vous plaît*），收錄一系列現代葡萄酒產區地圖，還曾經一同發行了一本手工啤酒雜誌，並經營介紹烈酒世界的部落格「**Oh My Drink**」。

朱爾‧高貝特潘

亞德里安‧碧昂奇

前言

　　酒，在一萬兩千年前因緣巧合地出現在世界上。自此，人類便不斷展現創造力，征服這項如此神祕又複雜的現象。因為發酵絕非巧合；反之，它反映了無窮盡的科學法則，至今人們仍持續探索發掘，以求更能掌握發酵這門學問。

　　每一款飲品背後，都有一段人文、產地、社會或經濟脈絡的歷史。每一段歷史也都毫無例外地能為我們訴說人性與想要喝酒的慾望。

　　飲食反映生理需求與口腹之慾，不過酒只能滿足後者，而且帶著酒精的特色：酒醉感。各位最好把持住這種微醺解放的感覺，以免迷失自我。酒比食物更具吸引力的另一個面向，就是擁有穿越時間的能力。只要裝進木桶或瓶子裡，酒精就能靜靜度過許多歲月，香氣表現也會有所變化。

　　或許就是因為如此，人類才會對陳年葡萄酒或威士忌如此著迷。享用的同時，彷彿時光之旅，感受酒液的過去，品嘗它的現在，想像它的未來。

　　而你手中的這本書，就是通往世界品飲之旅的票券。

感謝Audrey Genin和Emmanuel Le Vallois的信心，
感謝La Maison du Whisky評選世界各地的烈酒，
感謝Marcel Turpin細心再三校閱。

酒類小歷史

西元前 6,000 年
喬治亞發現最早的葡萄發酵考古遺跡。

西元前 600 年
腓尼基人在法國普羅旺斯的馬賽建立最早的葡萄園。

西元前 10,000 年
中東發現最早的發酵遺跡。

西元前 3,500 年
現今伊拉克地區最早的傳統單壺蒸餾器（alambic）。

432 年
蘇格蘭稅務帳本首度出現威士忌的書寫紀錄。

4 世紀
在歐洲，基督教透過連結葡萄酒，強化宗教的價值。

西元前 4,000 年
兩河流域釀造出名為「席卡路」（Sikaru）的啤酒，是比利時蘭比克啤酒的祖先。

13 世紀
韓國人向蒙古人習得蒸餾技術。

100 年
中美洲首度出現從龍舌蘭取得的普逵酒（Pulque，發酵的龍舌蘭汁液）。

西元 1 世紀
日本出現稻米種植，然後是清酒。

8 世紀
阿拉伯人占領法國西南部，該地區因此有了蒸餾壺。

1553 年
諾曼地首次出現蘋果白蘭地（Calvados）的書寫紀錄。

16 世紀
西班牙殖民者在北美洲舊金山地區首度種植葡萄。

1308 年
比利時布魯日的啤酒釀酒師公會問世。

16 世紀
來自阿拉伯文「al-khol」的「酒精」一詞，首度以「alcool」拼寫形式出現在歐洲。

1680 年
亞瑟・健力士（Arthur Guinness）在愛爾蘭釀出第一支波特啤酒（porter）。

1617 年

法國人路易・艾貝爾（Louis Hébert）在魁北克種植第一塊蘋果園。

1820 年

出現「波本」（bourbon）一詞，專指肯塔基以玉米製作的威士忌。

1842 年

尤瑟夫・格洛爾（Josef Groll）在歷史上首度釀造出皮爾森啤酒（pilsner）。

1756 年

波特酒（porto）是全世界第一個享有法定產區（AOC）認證的葡萄酒。

19 世紀

安地列斯群島的留尼旺（La Réunion）製糖產業起飛。蘭姆酒大量出口至歐洲。

1788 年

英國殖民者在澳洲首度種植葡萄藤。

1752 年

琴酒（gin）於英國誕生。

1835 年

英國首度提及「印度淡艾爾啤酒」（India Pale Ale）。

1860 ～ 1950 年

香艾酒在歐洲蔚為風潮。

1857 年

路易・巴斯德（Louis Pasteur）的研究證實，酵母在發酵過程中扮演了重要角色。

1860 ～ 1900 年

根瘤蚜蟲摧毀歐洲絕大部分的葡萄園，禍害遠至南非。

1933 年

教皇新堡（Châteauneuf-du-Pape）是法國最早獲得法定產區認證的產地。

1932 年

法國茴香開胃酒的酒標首度出現「Pastis」一字。

1919 ～ 1933 年

美國禁酒令時期。

1915 年

法國禁止苦艾酒。

1990 年

新世界的葡萄酒在國際開始占有一席之地。

2010 年

義大利發明「史畢利茲」（Spritz）調酒，在歐洲各地大受歡迎。

1923 年

日本建立第一座威士忌蒸餾廠。

2016 年

比利時啤酒獲註冊為聯合國無形文化遺產。

1976 年

在盲飲比賽中，加州葡萄酒超越法國葡萄酒。

2014 年

中國成為全球第二大葡萄種植地。

印度淡艾爾

蘋果冰酒

加州葡萄酒

波本威士忌

梅茲卡爾

蘭姆酒

瓜羅酒

皮斯可

卡夏沙

席甘尼

多隆特絲

卡門內爾

馬爾貝克

白蘇維濃

環遊世界路線

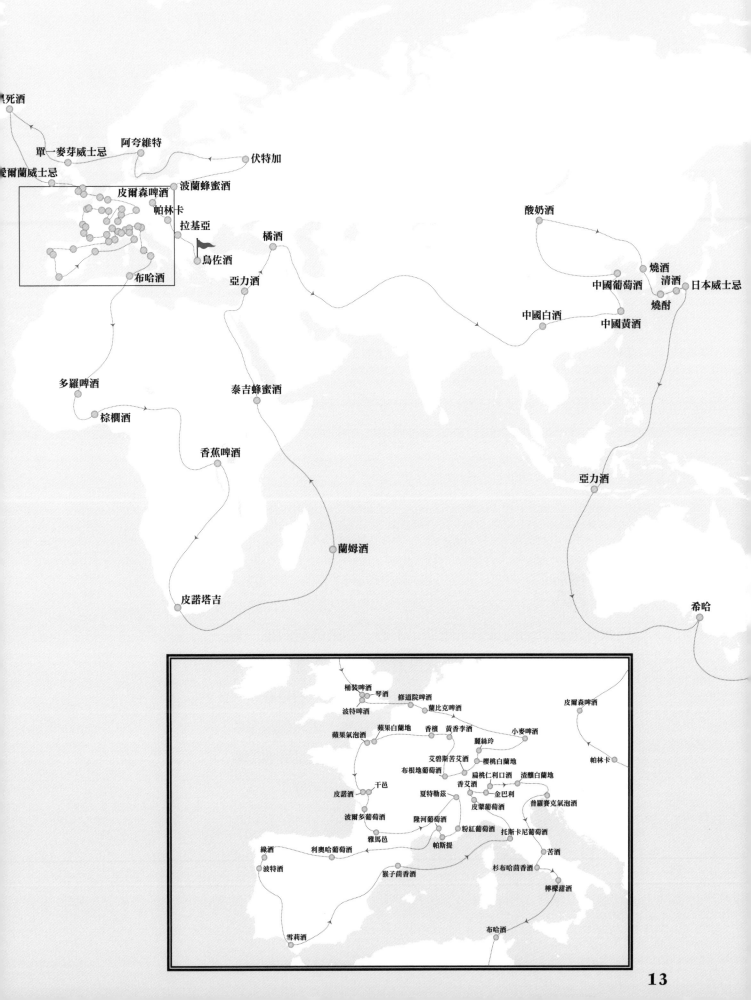

黑死酒

單一麥芽威士忌

愛爾蘭威士忌

阿夸維特

伏特加

皮爾森啤酒　波蘭蜂蜜酒

帕林卡

拉基亞

布哈酒

烏佐酒

橘酒

亞力酒

酸奶酒

燒酒

中國葡萄酒　清酒　日本威士忌

中國白酒　燒酎

中國黃酒

多羅啤酒

泰吉蜂蜜酒

棕櫚酒

香蕉啤酒

亞力酒

蘭姆酒

皮諾塔吉

希哈

桶裝啤酒　琴酒　修道院啤酒

波特啤酒　　　蘭比克啤酒

蘋果氣泡酒　蘋果白蘭地　香檳　黃香李酒　小麥啤酒

麗絲玲

艾碧斯苦艾酒　櫻桃白蘭地

布根地葡萄酒　扁桃仁利口酒　渣釀白蘭地

香艾酒

干邑　夏特勒茲　金巴利

皮蒙葡萄酒

皮諾酒　　　　　普羅賽克氣泡酒

波爾多葡萄酒　隆河葡萄酒

雅馬邑　　　粉紅葡萄酒　托斯卡尼葡萄酒

帕斯提

綠酒　利奧哈葡萄酒

波特酒　　　　　　　　　杉布哈茴香酒

猴子茴香酒

檸檬甜酒

布哈酒

雪莉酒

皮爾森啤酒

帕林卡

苦酒

東歐

巴爾幹地區的酒向來惡名遠播。不過，必須澄清的是，蒸
餾酒才是此處的霸主！飲酒人口的數量向來介於刻板印象
和事實之間，畢竟數字是不會騙人的。立陶宛、白俄羅斯、
摩爾多瓦、俄羅斯、羅馬尼亞和捷克共和國，這六個國家依
序就是全世界每年每人喝掉最多酒飲的國家。酒是好客的象
徵，只要到別人家作客，主人馬上會為你端出酒飲！

俄羅斯伏特加

波蘭蜂蜜酒

捷克皮爾森啤酒

匈牙利帕林卡

塞爾維亞拉基亞

希臘烏佐酒

Ouzo grec

希臘
烏佐酒

一入口就帶你潛入湛藍的地中海。

烏佐酒首府
普羅馬利
（Plomari）

每年產量（百萬公升）
3.5

每公升酒精濃度
40%

優質酒款每瓶價格
（700毫升）
15 歐元

> 烏佐酒可以鍛造精神。
>
> 希臘俗諺

起源

烏佐酒的歷史就和這類酒的風味一般，充滿波瀾與起伏。談到這類酒的起源和名字由來，經常眾說紛云而且互相抵觸。可以確定的是，烏佐酒混合香草植物、穀物與無色無味的酒精，透過蒸餾製成。茴香是最主要的風味，不過依照不同配方也會兼有肉豆蔻、芫荽籽、甜茴香、綠豆蔻或肉桂香氣。而烏佐酒蒸餾的步驟不同於其他茴香酒：所有原料一開始便一起放入，而其他以茴香為基底的酒類則是後來才加入茴香精油。烏佐酒的產季為每年十至十二月。共有五個產區受到產區命名保護，確保其來源和傳統，分別是：「Ouzo de Mytilène」、「Ouzo de Plomari」、「Ouzo de Kalamata」、「Ouzo de Thrace」，以及「Ouzo de Macédoine」。

品飲

烏佐酒有如希臘人，代表了希臘人的生活方式與待客之道。通常會搭配冰塊飲用，可以純飲，也可加水飲用，端看個人喜好。原料能讓酒液的香氣擁有無盡可能。烏佐酒的品質與穀物品質有直接關係。從採收、清洗（有些生產者會以地中海海水清洗）到保存，每個環節都左右了杯中物的香氣。Yamas！

重要日期

1856年 ⟶ 1989年

第一間烏佐酒蒸餾廠成立。

法律規定，在希臘或塞普勒斯（Chypre）生產的烏佐酒才有資格使用此名稱。

保加利亞

馬其頓

瑟雷斯
Thrace

Lac
Doïran

SERRÈS

Néstos

Strymon

CAVALLA

ALEXANDROUPOLIS

阿爾巴尼亞

Lac de
Prespa

Axios

馬其頓
Macédoine

THESSALONIQUE

色雷斯海

土耳其

KATÉRINI

薩洛尼克灣

Thasos

Samothrace

Corfou

IOANNINA

Pinios

LARISSA

TRIKALA

Lemnos

達達尼爾海峽

米蒂利尼
Mytilène

VOLOS

Skopelos

Skyros

Lesbos

普羅馬利
Plomari

Leucade

Eubée

愛琴海

Céphalonie

CHALCIS

Chio

北

PATRAS

柯林斯海灣

雅典

Andros

Samos

Zante

LE PIRÉE

Tinos

Icaria

愛奧尼亞海

Aliós

卡拉馬塔
Kalamata

Kea

Cyclades

Mykonos

Delos

Naxos

Kos

Mer de Myrtes

Paros

Milo

Santorin

Anafi

RHODES

Cythère

克里特海

Rhodes

地中海

Karpathos

LA CANÉE

Crète

HÉRAKLION

0   25   50 km

番茄、費塔乳酪（feta）與洋蔥
烤沙丁魚和烏佐酒是絕配。

純烏佐酒是無色的，不過
只要接觸水，就會變得混
濁呈白色。這種化學反應
是由於茴香腦（anethole）
的微乳化所引起，同時也
是品質的象徵。

Rakija de Serbie

塞爾維亞
拉基亞

從婚禮到葬禮，在庫斯杜力卡（Emir Kusturica）的電影或貝爾格勒（Belgrade）的街頭，這款蒸餾酒就是巴爾幹民族不可或缺的慣常宴飲風景。

拉基亞首府
貝爾格勒

每年產量（百萬公升）
35

每公升酒精濃度
40 ～ 50%

優質酒款每瓶價格
（700毫升）
8 歐元

> 拉基亞沒有下肚，
> 就沒辦法上戰場。
>
> 巴爾幹俗諺

起源

拉基亞（rakija ／ rakya ／ rakia），名字很可能來自土耳其語的「raki」，是以發酵二至三週的果汁蒸餾製成。李子拉基亞最普遍，不過也有以榲桲、洋梨和其他當地水果所製。在城市以外的地方，絕大多數的塞爾維亞家庭都有自己的傳統單壺蒸餾器（alambic），並製作自家的拉基亞。這些家用蒸餾器受法律許可，而且非常普遍。這就是為何完**絕大多數的塞爾維亞家庭都有自己的蒸餾器** 全無法精準計算塞爾維亞每年的拉基亞產量。幾乎巴爾幹半島每個國家都有生產這款蒸餾酒，不過只有塞爾維亞擁有法定產區，依照使用的水果種類分為五種拉基亞。

品飲

給準備到巴爾幹半島探險的旅行者一個小小建議：各位在白天任何時刻都可能被端上一杯拉基亞，只要杯子空了，招待你的主人就必須且樂意之至地添滿杯子。放慢腳步，好好度過這一天吧。塞爾維亞人對於飲酒之道非常挑剔，從乾**拉基亞永遠不會一口飲盡**。 杯到喝下第一口，務必注視主人的雙眼。即使端上來的拉基亞裝在一口杯中，也絕對不能一口氣喝光，必須啜飲享受。夏天時適合冰涼飲用，一年中的其他季節則常溫享用。Živeli！

重要日期

15 世紀 ⟶ **2007 年**

| 土耳其人抵達巴爾幹，帶來蒸餾器的知識，以及「alambic」一字。 | 歐盟保護塞爾維亞的五種拉基亞。 |

匈牙利

羅馬尼亞

克羅埃西亞

NOVI SAD

北

○貝爾格勒
Belgrade

波士尼亞與
赫塞哥維納

KRAGUJEVAC

NIŠ

蒙特內哥羅

PODUJEVO
普里斯提納
PRISTINA

保加利亞

UROSEVAC

PRIZREN

馬其頓

0 25 50 km

據統計，塞爾維亞至少有一萬名拉基亞生產者，不過只有一百個商業品牌以傳統方式販售流通。

不同類型的拉基亞

Medovaca
蜂蜜拉基亞

Jabukovaca
蘋果拉基亞

Dunjevaca
榲桲拉基亞

Šljivovica
李子拉基亞

Kruškovaca
洋梨拉基亞

帕林卡首府
布達佩斯
（Budapest）

每年產量（百萬公升）
1.5

每公升酒精濃度
37.5 ～ 70%

優質酒款每瓶價格
（700毫升）
25 歐元

> 能做果醬的東西，
> 就能做成帕林卡。

匈牙利俗諺

Pálinka hongroise

匈牙利
帕林卡

匈牙利的氣候有時極度寒冷。不過別擔心，匈牙利人早已準備好讓你暖呼呼的方法。帕林卡，究竟是生命之水？還是火焰之水？

起源

此地區首筆關於蒸餾水果的紀錄，是一款專為匈牙利國王查理一世（Charles Ier）以及其妻子製作的蒸餾酒，用於治療關節炎。十四世紀的醫療萬萬歲！

果汁先是發酵，然後蒸餾 不過一直要到十七世紀才會出現「帕林卡」（Pálinka）一字。其字源來自斯拉夫語，並且接近斯洛伐克語「Pálit」一字，意思是「蒸餾」。當時，人們會使用賣不掉或非食用的水果釀造。匈牙利的氣候日照充足，是生產高含糖量水果的理想氣候，這些水果極為適合蒸餾。帕林卡可以用李子、蘋果、洋梨、杏桃、榲桲加上蘋果、洋梨或是櫻桃蒸餾。果汁先是發酵，然後蒸餾，不添加食用酒精或人工香料。酒精濃度最高的帕林卡又稱為「Kerítés Szaggató」，字面意思就是「圍欄破壞者」。另一則語言軼事：極劣質的帕林卡叫做「Guggolós」，意思是「彎著身子」；壓低身子經過之前請你喝這款酒的人家窗戶之下，以免又被邀進屋！

品飲

帕林卡和所有烈酒一樣，適合常溫品飲。一如龍舌蘭，帕林卡也有兩種品飲方式：一種是「單身派對」的一口杯喝法，或是像大多數當地人一樣，在餐前和／或餐後小口啜飲。由於酒精濃度高，我們建議第二種喝法。一般而言，帕林卡的色澤介於無色和淡黃色之間。以木桶或伴隨果渣陳年的帕林卡，色澤可能會較深，偏向橘色。

最優質的帕林卡具有年份，瓶身的酒標會註明水果的採收日期。布達佩斯每年十月都會舉辦「香腸與帕林卡」盛典，準備狂歡吧！Egészégedre！

重要日期

1332年	17世紀	2004年
獻給匈牙利國王查理一世的蒸餾酒中首度被提及。	匈牙利首度出現「Pálinka」一字。	匈牙利與奧地利四個邦的帕林卡獲得歐盟商品名專屬權。

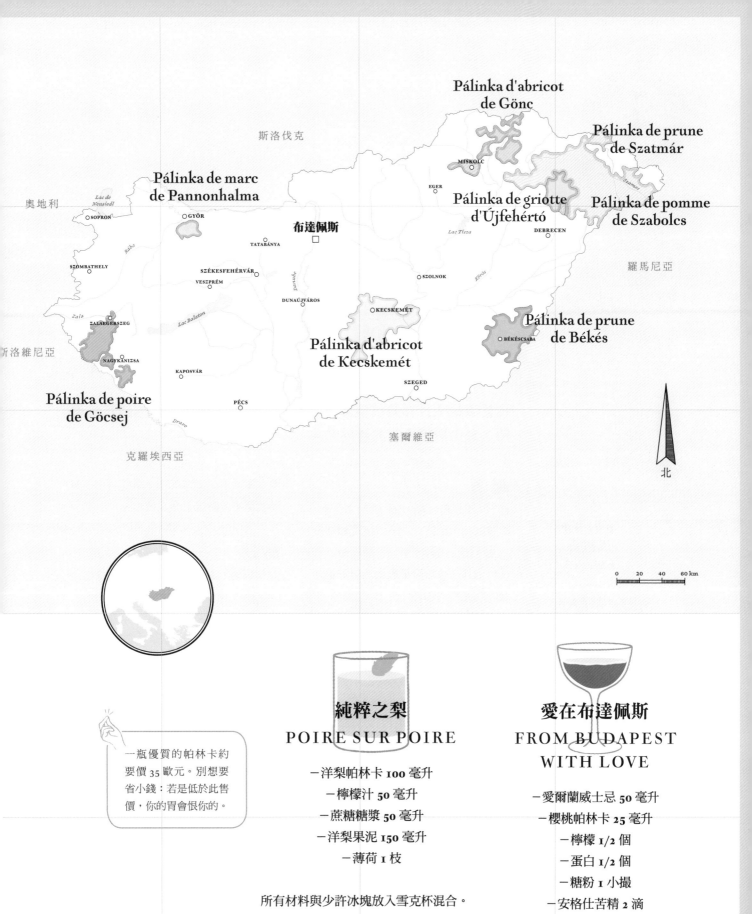

Pálinka d'abricot
de Gönc

Pálinka de prune
de Szatmár

斯洛伐克

Pálinka de marc
de Pannonhalma

Pálinka de griotte
d'Újfehértó

Pálinka de pomme
de Szabolcs

MISKOLC

EGER

奧地利

Lac de
Neusiedl

SOPRON

GYŐR

布達佩斯

Lac Tisza

DEBRECEN

羅馬尼亞

TATABÁNYA

SZOMBATHELY

SZÉKESFEHÉRVÁR

VESZPRÉM

SZOLNOK

Körös

Danube

DUNAÚJVÁROS

Lac Balaton

KECSKEMÉT

Pálinka de prune
de Békés

ZALAEGERSZEG

Zala

BÉKÉSCSABA

斯洛維尼亞

NAGYKANIZSA

KAPOSVÁR

Pálinka d'abricot
de Kecskemét

SZEGED

Pálinka de poire
de Göcsej

PÉCS

Drave

塞爾維亞

克羅埃西亞

北

0   20   40   60 km

一瓶優質的帕林卡約
要價 35 歐元。別想要
省小錢：若是低於此售
價，你的胃會恨你的。

純粹之梨
POIRE SUR POIRE

－洋梨帕林卡 100 毫升

－檸檬汁 50 毫升

－蔗糖糖漿 50 毫升

－洋梨果泥 150 毫升

－薄荷 1 枝

所有材料與少許冰塊放入雪克杯混合。
倒入杯中後，以少許薄荷葉裝飾即完成。

愛在布達佩斯
FROM BUDAPEST
WITH LOVE

－愛爾蘭威士忌 50 毫升

－櫻桃帕林卡 25 毫升

－檸檬 1/2 個

－蛋白 1/2 個

－糖粉 1 小撮

－安格仕苦精 2 滴

檸檬榨汁倒入雪克杯。除了安格仕苦精
（**angostura**），所有材料放入雪克杯，
加入冰塊搖晃。倒入高腳杯。加入 2 滴
苦精即完成。

Pilsner tchèque

捷克 皮爾森啤酒

皮爾森是全世界效仿度最高也最普遍的啤酒龍頭。其釀造法的發明，是全球啤酒業的轉捩點。

皮爾森首府
皮爾森
（Plzen）

每年產量（百萬公升）
2,000

每公升酒精濃度
4 ～ 6％

優質酒款每瓶價格
（700毫升）
2 歐元

> 好啤酒與否，第一口就能喝出差異。接下來只是幫助確認品質。
>
> 捷克俗諺

起源

西元 1838 年，捷克的皮爾森（Plzen ／ Pilsen）地區，三十六桶艾爾啤酒被丟到大街上摧毀，用以抗議當時品質拙劣的泡沫。這無疑是歷史上第一場為了**格洛爾於1842年釀造出歷史上第一批澄澈的啤酒** 追求優質啤酒而發動的抗爭。 此後，啤酒廠紛紛檢討，並為生產品質更穩定的啤酒而動員。同時期，路易・巴斯德和泰奧多爾・許旺（Theodor Schwann）證實，酵母在發酵過程中擔任將糖分轉化為酒精的主要角色。依據這些發現，並且選擇低溫發酵（介於攝氏 5 ～ 10 度），尤瑟夫・格洛爾（Josef Groll）於 1842 年釀造出歷史上第一批澄澈的啤酒，並且立刻大受歡迎！結合低溫發酵和巴斯德殺菌法，皮爾森成為最穩定不出錯的啤酒之一，可以長時間保存，受污染的風險極低。因此在均衡度與美感上擁有

雙重優勢的此類型啤酒，迅速吸引工業釀酒廠，這點並不令人意外。

品飲

皮爾森屬於啤酒三大家族的「拉格」（lager）家族，色澤金黃，澄澈透明，啤酒花含量低，非常易飲。眾多小型釀酒廠正在努力擺脫單純「黃金啤酒」（blonde）代名詞的形象，重振皮爾森**清淡易飲的** 的名聲。「無過濾」**皮爾森啤酒** 皮爾森啤酒未經巴斯德殺菌法，這種變化型皮爾森的性格較鮮明，因此也更吸引人。Na zaraví ！

重要日期

5世紀	1842年	1873年	2019年
該地區西部有種植啤酒花的遺跡。	尤瑟夫・格洛爾釀造出歷史上第一批皮爾森啤酒。	捷克啤酒釀酒協會成立。	全球釀造的啤酒80%為皮爾森啤酒。

利貝雷茨
Liberec

烏斯季
Ústecký

德國

DĚČÍN

LIBEREC

波蘭

ÚSTÍ NAD LABEM
TEPLICE

MOST

CHOMUTOV

赫拉德茨－克拉洛韋
Hradec Králové

HRADEC
KRÁLOVÉ

卡洛維瓦利
Karlovy Vary

KARLOVY VARY

布拉格
Prague

KLADNO

Elbe

摩拉維亞－西利西亞
Moravie-Silésie

OPAVA

PARDUBICE

帕爾杜比采
Pardubice

布拉格市

Berounka

皮爾森市

Sázava

奧洛摩茨
Olomouc

OSTRAVA

HAVÍŘOV

皮爾森
Pilsen

Radbuza

中波希米亞
Bohême Centrale

維索基納
Vysocina

OLOMOUC

FRYDEK-
MÍSTEK

JIHLAVA

南波希米亞
Bohême du Sud

BRNO

ZLÍN

茲林
Zlín

60 以上

40 ～ 60

20 ～ 40

0 ～ 20

CESKÉ
BUDEJOVICE

Lac
de Lipno

南摩拉維亞
Moravie du Sud

斯洛伐克

各州啤酒釀造廠的數量（間）

奧地利

0   30   60 km

北

捷克人是啤酒飲量最高的人口。順帶一提，布拉格酒吧中，一品脫的啤酒平均只要 1.55 歐元。還不快下訂機票？

路易・巴斯德
法國科學家（1822 ～ 1895 年）

他的研究成果為歐洲啤酒釀酒業勾勒出全新展望。

1857 年：他證實並描述酒精發酵時酵母的作用。

1876 年：他主張完全不接觸空氣的發酵。

經過「巴斯德殺菌法」的啤酒，就是加熱殺死微生物，確保更好的儲藏存放。

其他類型
10 %

皮爾森
90 %

捷克共和國的啤酒類型

Hydromel polonais

波蘭 蜂蜜酒

蜜蜂令人著迷不已,發酵也令人著迷不已。因此,蜂蜜酒自然也令人著迷不已啦!現在我們要前往波蘭,探索人類文明史上最古老的酒精飲品之一。

每年產量(百萬公升)

1.4

每公升酒精濃度

10 ～ 16%

優質酒款每瓶價格

15 歐元

> 葡萄酒來自灰濛濛的泥濘土地,蜂蜜酒則屬於天界之物。

波蘭詩人賽巴斯提安・法比安・柯洛諾維茨(Sebastian Fabian Klonowicz)

起源

「Hydromel」(蜂蜜酒)的字源來自拉丁文的「hydromeli」,而這個字則是希臘文「udôr」(水)加上「meli」(蜂蜜)。一億五千萬年來,蜜蜂採花蜜生產蜂蜜,不過直到很久以後,少數好奇的人類才知道蜂蜜可以生成酒精。

蜂蜜酒是在蜂蜜加水稀釋後,讓蜂蜜水發酵數個月製成的發酵酒飲

最早的蜂蜜酒生產遺跡可溯及青銅時代(西元前三千至前一千年),位於歐洲北部,也就是現今的丹麥一帶。蜂蜜酒是在蜂蜜加水稀釋後,讓蜂蜜水發酵數個月製成的發酵酒飲。全世界已知至少有 20,000 種蜜蜂,是製酒葡萄品種的三倍!不同的蜂種、採集自不同植物的花粉、風土與生產方式,蜂蜜酒的組合有無限多。

品飲

蜂蜜酒的品質當然取決於蜂蜜的品質。金合歡蜜、油菜花蜜或葵花蜜,由於香氣細膩,是最受歡迎的蜜種。在波蘭,冬季人們會飲用熱蜂蜜酒,其中加入丁香和少許肉桂。夏天則加入冰塊和檸檬皮。品飲時請閉上雙眼,告訴自己,這是全世界唯一一款以昆蟲為主角的酒飲。Na zdrowie!

重要日期

西元前 6,000 年	→	西元前 350 年	→	2008 年
最早以蜂蜜為基底的發酵考古遺跡		亞里斯多德書寫蜂蜜酒的配方。		波蘭有四種蜂蜜酒獲得歐盟命名認證。

蜂蜜酒的四大類型

茨沃尼亞克
（Czwórniak）

蜂蜜和水的釀造比例
為1：3，陳放至少九個月

特羅尼亞克
（Trójniak）

蜂蜜和水的釀造比例
為1：2，陳放至少一年

沃尼亞克
（Dwójniak）

蜂蜜和水的釀造比例
為1：1，陳放至少兩年

波爾托拉克
（Półtorak）

蜂蜜和水的釀造比例
為2：1，陳放至少三年

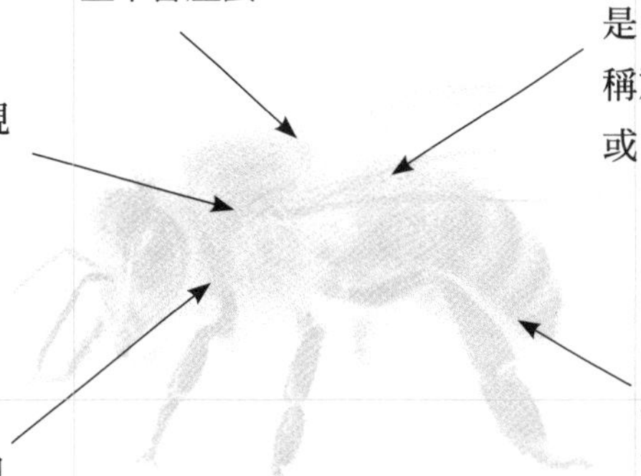

絕大多數的蜜蜂
並不會產蜜

若蜂蜜來源絕大多數
是取自單一花種，就
稱為「單一花種蜂蜜」
或「單品蜂蜜」

地球上已發現
兩萬種蜜蜂

雌蜂確保蜂巢的生
命。雄蜂唯一的角
色就是讓未來的女
王蜂受孕

蜜蜂一如螞蟻或白
蟻，屬於群居動物，
與其他無數個體共
同生活，即蜂群

蜜蜂

「蜜月」（Lune de Miel）一詞
意指飲用蜂蜜酒慶祝婚禮的傳
統。雖然這項習俗已經消逝，不
過字詞卻流傳下來。

蜂蜜酒的變化型

蘋果蜂蜜酒
（Chouchen）

布列塔尼以蜂蜜和
蘋果釀造的飲料

蜂蜜啤酒
（Braggot）

啤酒和蜂蜜混合
製成的飲料

黑蜂蜜酒
（Black mead）

以蜂蜜和黑醋栗
釀造的飲料

Vodka russe

俄羅斯伏特加

只要聽到「伏特加」，我們就會聯想到「俄羅斯」。這個幅員廣闊的國家與其國飲的連結緊密。不過要注意刻板印象……。

伏特加首府
莫斯科
（Moscou）

每年產量（百萬公升）
2,000

每公升酒精濃度
37.5%

優質酒款每瓶價格
28 歐元

起源

伏特加（Vodka）字面意思可翻譯成「摻水的蒸餾酒」。在斯拉夫語中，「voda」意指「水」，而「ka」則有暱稱的意思。許多人認為伏特加是馬鈴薯製作的酒。事實上沒這麼簡單。伏特加是以澱粉轉化的糖，也就是以儲存於植物中的糖類製成的烈酒。製造伏特加的含澱粉原料大麥、黑麥、馬鈴薯或甜菜根等等是蒸**伏特加是全球消耗** 餾最普遍的**量最高的蒸餾酒** 材料。在俄羅斯，數世紀以來，伏特加一直是俄羅斯為了盈利而納入旗下，或是因為對軍隊造成的損害而想要抵制的野孩子。

品飲

說到伏特加，人們的第一個念頭並不是「品飲」。事實上，比起擺滿佳餚的精緻餐桌，這款無色的酒品反而與學生的狂歡派對連結更密切。這番惡名來自四十年間的工業生產，而且品質（極）低劣。然而，仍有能夠令你改觀的伏特加！如果選購 25 歐元以上的伏特加，這種被低估的酒將會大大驚豔你的味蕾和感官。伏特加很少純飲，不過由於無色無味，是很好的調酒基酒。
造訪俄羅斯時，絕對不要錯過伏特加！路上的小酒吧提供裝在迷你塑膠杯中的一口飲，只要 0.6 歐元喔。Na Zdorov'ye！

> " 只有兩種情況才需要喝伏特加：吃飯的時候，和不吃飯的時候。"
>
> 俄羅斯俗諺

重要日期

1431年 →	1751年 →	1950年 →	1992年
最早以穀類蒸餾製成蒸餾酒。	最早出現「Vodka」一詞的官方紀錄。	搭著調酒浪潮的順風車，伏特加遍及全球。	蘇聯壟斷伏特加生產的情形終結。

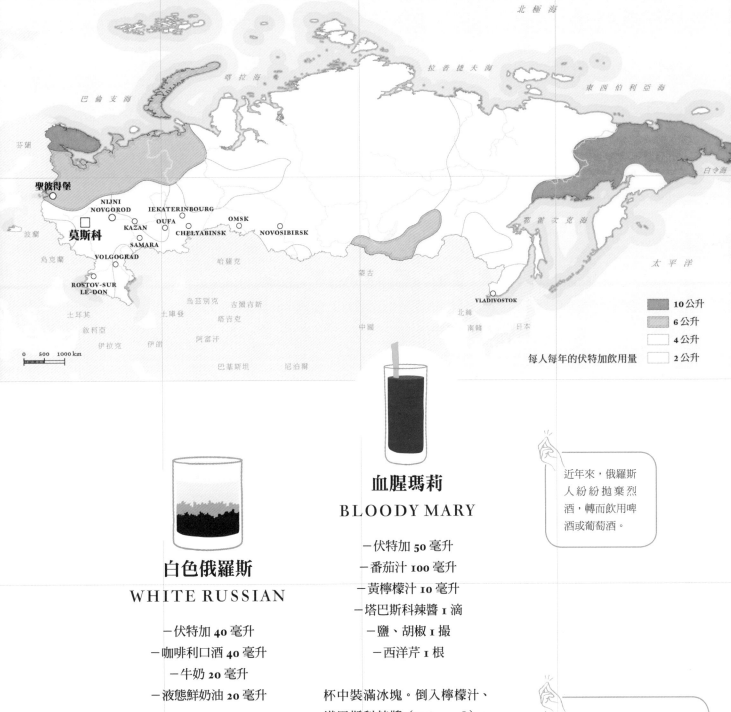

北極海

拉者捷夫海

東西伯利亞海

喀拉海

巴倫支海

芬蘭

聖波得堡

NIJNI
NOVGOROD   IEKATERINBOURG

莫斯科   KAZAN   OUFA   OMSK
CHELYABINSK   NOVOSIBIRSK
SAMARA

波蘭   VOLGOGRAD

烏克蘭   ROSTOV-SUR
LE-DON

土耳其   烏茲別克   吉爾吉斯   白令海
土庫曼   鄂霍次克海   太平洋
敘利亞   塔吉克   蒙古
伊拉克   伊朗   阿富汗   VLADIVOSTOK
中國   北韓
巴基斯坦   尼泊爾   南韓   日本

0 500 1000 km

	10公升
	6公升
	4公升
	2公升

每人每年的伏特加飲用量

白色俄羅斯
WHITE RUSSIAN

－伏特加 40 毫升
－咖啡利口酒 40 毫升
－牛奶 20 毫升
－液態鮮奶油 20 毫升

杯中裝滿冰塊。倒入所有材料。
以三顆咖啡豆裝飾即完成。

血腥瑪莉
BLOODY MARY

－伏特加 50 毫升
－番茄汁 100 毫升
－黃檸檬汁 10 毫升
－塔巴斯科辣醬 1 滴
－鹽、胡椒 1 撮
－西洋芹 1 根

杯中裝滿冰塊。倒入檸檬汁、
塔巴斯科辣醬（Tabasco®）、
鹽和胡椒。倒入番茄汁和伏特
加。放入一根芹菜裝飾即完成。

近年來，俄羅斯
人紛紛拋棄烈
酒，轉而飲用啤
酒或葡萄酒。

關於伏特加的起源，在俄羅
斯和波蘭之間各說各話。這
款烈酒的歸屬權在國界兩邊
爭論不休。究竟誰會是幸運
的勝出者呢？

各種原料

裸麥：裸麥是非常強壯的穀類，
因此得以適應歐洲北部冬季酷寒
的國家。裸麥向來是優質俄羅斯
伏特加的主要原料。

小麥：價格比裸麥便宜，而且較
容易取得，很適合大量生產。帶
有檸檬、茴香和胡椒香氣。

大麥：在俄羅斯並不普遍。是芬
蘭和英國伏特加的常見原料。比
起裸麥製成的伏特加較為清淡。

玉米：美國伏特加的典型原料。
帶有奶油和煮熟玉米的香氣。

馬鈴薯：過去曾以馬鈴薯外皮製
作伏特加。現今僅有 2% 的伏特
加使用這項原料。

冰島黑死酒

蘇格蘭單一麥芽威士忌

斯堪地那維亞阿夸維特

愛爾蘭威士忌

英式桶裝啤酒

英國波特啤酒

比利時修道院啤酒

英國琴酒

布魯塞爾蘭比克啤酒

萊茵河麗絲玲

德國小麥啤酒

黑森林櫻桃白蘭地

瑞士艾碧斯苦艾酒

北歐

維京人和凱爾特人似乎擁有專屬的魔法藥水，賦予他們面對
險惡大海的勇氣。探索北歐的酒類，彷彿推開嚴規熙篤會修
道院的大門，在黑森林的果園中散步，接著坐在英式酒吧
中，最後在蘇格蘭蒸餾廠醒來。麥芽稱霸的英國，絕對夠資
格將三種享譽全球的酒飲提升至全新境界而自豪：啤酒、琴
酒與威士忌。

Aquavit scandinave

斯堪地那維亞 阿夸維特

阿夸維特介於琴酒和伏特加之間,是以馬鈴薯或穀類,加上香草植物增添香氣的蒸餾酒。

每年產量(百萬公升)
10

每公升酒精濃度
40%

優質酒款每瓶價格
25 歐元

> 阿夸維特可以幫助把魚類吞下肚。
>
> 丹麥俗諺

起源

這個位於北海和波羅的海之間,並以大自然為主宰的國家,阿夸維特 **這個大自然為主宰的國家,阿夸維特是真正的王者** 是真正的王者。就字源方面,其名稱來自拉丁文的「aqua vitae」,意指「生命之水」,也就是烈酒或蒸餾酒。一如許多蒸餾酒,阿夸維特曾是藥用飲品,因此十六世紀時,人們更將之用於治療酒精中毒!這些北歐人真是太強壯了。挪威、瑞典和丹麥擁有共同的歷史,阿夸維特比現今的國界更早出現。瑞典人和丹麥人以穀物製造阿夸維特,挪威人則以馬鈴薯為原料。挪威人還擁有近乎系統化的木桶陳年法,因此阿夸維特的色澤較偏琥珀色。斯德哥爾摩的葡萄酒與烈酒博物館共計有超過兩百首與阿夸維特有關的節慶歌曲。因此,這款酒飲與復活節和聖誕節有關也不令人訝異了。

品飲

得到無色無味的酒精後,加入葛縷籽(Carvi)、蒔蘿、茴香,甚至是芫荽籽增添香氣。同一款阿夸維特可使用數種香草植物,因此香氣變化非常多樣!在瑞典,人們用小玻璃杯品飲阿夸維特,並搭配一品脫啤酒。阿夸維特和鮭 **阿夸維特的風味光譜很廣** 魚或煙燻魚類非常搭配。桶陳的阿夸維特以常溫品飲,未經陳放的阿夸維特則冰涼飲用。Skol!

重要日期

1531年 ➞ **2011年**

阿夸維特最早的文字紀錄出現。

「挪威阿夸維特」法定產區確立。

巴倫支海

挪威海

白海

北

芬蘭

瑞典

挪威

卑爾根
BERGEN ○

奧斯陸 □

斯德哥爾摩 □

愛沙尼亞

拉脫維亞

哥特堡
GÖTEBORG ○

波羅的海

立陶宛

北海

丹麥

哥本哈根 □

俄羅斯

白俄羅斯

阿夸維特生產國

荷蘭

德國

波蘭

0 100 200 km

阿夸維特的類型

夜然、小豆蔻、茴香

甜茴香、茴香、柑橘

蒔蘿、芫荽籽、茴香

未經桶陳

短時間桶陳

長時間桶陳

過去很長一段時間，阿夸維特曾做為藥用。據說有位挪威醫生一年就開立 4,800 張阿夸維特處方籤。醫生，我的病很嚴重嗎？

Single malt écossais

蘇格蘭
單一麥芽威士忌

在英國北方，這群人口略多於五百萬人的民族生產了全世界三分之二的威士忌，並主宰酒類的重頭戲：單一麥芽威士忌。

單一麥芽首府
達夫鎮
（Dufftown）

每年產量（百萬公升）
27

每公升酒精濃度
35 ～ 55%

優質酒款每瓶價格
（700毫升）
50歐元

> 一般認為威士忌會隨著歲月而越發美味，這是真的。我年紀越大，越喜愛威士忌。

蘇格蘭演員，羅尼·科比特
（Ronnie Corbett）

起源

雖然威士忌誕生於愛爾蘭，而並非蘇格蘭人的發明，不過我們可以確定是蘇格蘭人將威士忌發揮到極致。他們是最早深耕風土概念的民族，同時創立法定產區命名的系統，這裡迅速展現出對於極致和細節的追求。威士忌為烈酒之王，專家們一致認同單一麥芽（Single Malt）才是最純粹的威士忌，好比葡萄酒中的特級園。單一麥芽是只使用發芽大麥製作的威士忌，而「single」一詞意指威士忌是在單一蒸餾廠製作而成。大麥是富含澱粉的穀類，其中的澱粉會在發芽過程產生的酶的作用之下，轉化成可發酵的糖分。混調師會精選幾個木桶混調成單一麥芽酒款。瓶身標註的酒齡是混調酒液中最年輕的木桶酒齡。

品飲

放下你的調酒指南吧！單一麥芽威士忌必須純飲。威士忌主要與時間有關。想想酒液流經的蒸餾器多麼古老，接著酒液靜靜躺在蘇格蘭土地上的木桶中，最後才來到你的面前。想想深埋土壤三千年才形成的金黃色泥煤。還有製造威士忌不可或缺的礦泉水，從遠古時代便涓流不息。杯中裝的不僅僅是單純的蒸餾發芽大麥，更是一段歷史。Cheers！

重要日期

432年 →	1579年 →	1826年 →	1920年
蘇格蘭稅務帳首次記載威士忌的存在	蘇格蘭議會的法律規定，只有貴族才有權進行蒸餾。	蘇格蘭人羅伯·斯坦（Robert Stein）發明目前大家熟知的蒸餾器。	美國的禁酒令和經濟大蕭條導致蘇格蘭出口量大跌，爆發非法商業活動。

北大西洋

北海

斯貝塞

西部群島

亞伯丁
ABERDEEN

高地

西部高地

DUNDEE

愛丁堡
ÉDIMBOURG

艾雷島

格拉斯哥
GLASGOW

坎貝爾鎮

低地

NEWCASTLE UPON TYNE

SUNDERLAND

MIDDLESBROUGH

BELFAST

Île de Man

愛爾蘭

LIVERPOOL

MANCHESTER

SHEFFIELD

DERBY   NOTTINGHAM

北

0   50   100 km

單一麥芽威士忌的風味

桃子、葡萄柚、柑橘、核桃

大摩
（Dalmore）

亞歷山大三世（King Alexander III）
高地

紫丁香、丁香、杏桃、皮革

拉加維林
（Lagavulin）

十六年，酒精濃度43%
艾雷島

蜂蜜、穀物、焦糖、香草

百富
（Balvenie）

加勒比海蘭姆桶
斯貝塞

焦糖、巧克力、小橘子、香草

格蘭昆奇
（Glenkinchie）

十二年
低地

紫丁香、丁香、杏桃、皮革

雲頂
（Springbank）

十五年
坎貝爾城

蘇格蘭威士忌法案（Scotch Whisky Act）規定，必須在蘇格蘭蒸餾並陳放至少三年，才可稱為「蘇格蘭」威士忌。

33

Brennivín d'Islande

冰島
黑死酒

冰島位在北極圈上，彷彿世界的盡頭。而冰島的國酒就和國土上的火山一樣滾燙火辣。

黑死酒首府
雷克雅維克
（Reykjavík）

每年產量（百萬公升）
200,000

每公升酒精濃度
37.5%

優質酒款每瓶價格
40 歐元

起源

冰島語「brennivín」意指「燒灼葡萄酒」，不過這款酒飲與葡萄酒毫無關聯，而是透過蒸餾馬鈴薯，並以別名甜**黑死酒就是**茴香的葛縷籽添加香**北歐阿夸維**氣而成。黑死酒就是**特的表兄**北歐阿夸維特的表兄，兩地之間的歷史連結也能闡明這點：維京人。二十世紀初，冰島也有類似美國的禁酒令（1915 ～ 1935 年），以對抗酗酒。接著，冰島政府在瓶身強制貼上黑色酒標，使其顯得不那麼有「吸引力」。品牌紛紛服從規定，不過卻收到反效果：這些黑暗的酒瓶立刻受到冰島人和觀光客的喜愛。真是傑出的一手行銷啊！

品飲

我們實話實說，這款酒就和冰島的冬天一樣凜冽！即使當地船員血液幾乎要結凍了，卻很少對凜冬卻步，並暱稱這款酒為「黑死」，這個名字應該就足以說明黑死酒的勁道。最好將酒液冰透了，然後以一口杯飲用。不過，黑死酒比單**和冰島的冬**純的伏特加更具風情，**天一樣凜冽**因為有孜然香氣，帶來些許茴香氣息，最後留下溫潤尾韻。如果你想要真正體驗民俗風味，不妨以發酵鯊魚排搭配一口杯黑死酒：這是冰島最正宗的美食。堅持下去，第一口總是最難熬的。Skál！

" 冰島，冰與火的國度。 "

常見語句

重要日期

870年　→　15世紀　→　1915 ～ 1935 年

維京人是最早殖
民冰島的民族。

蒸餾黑死酒的跡象
首次出現。

冰島禁酒令時期。

格陵蘭海

丹麥海峽

北

BOLUNGARVÍK
ÍSAFJÖRÐUR
NORDHURFJÖRDHUR
格林賽島
弗拉泰島
DALVÍK
HÚSAVÍK
巴卡灣
胡納灣
SAUÐÁRKRÓKUR
BLÖNDUÓS
AKUREYRI
GRÍMSSTADIR
海拉茲灣
FOSSVELLIR
LAUGARBAKKI
EGILSSTAÐIR
布雷札峽灣
Glacier Hofsjökull
VEGAMÓT
Glacier Langjökull
BORGARNES
Glacier Vatnajökull
雷克雅維克
法克沙灣
AKRANES
HÖFN
KEVLAVIK
柯帕沃古爾（KÓPAVOGUR）
哈夫納夫約杜爾（HAFNARFJÖRDUR）
SKAFTAFELL
GRINDAVÍK
SELFOSS
HELLA
Glacier Mýrdalsjökull
赫馬島
VESTMANNAEYJAR
VIK
敘爾特島
大西洋

0   50   100 km

麥可‧麥德森（Michael Madsen）在昆汀‧塔倫提諾的電影《追殺比爾2》中，飲用黑死酒。

香草柳橙
HERB & ORANGE

－黑死酒 70 毫升

－柳橙汁 100 毫升

－檸檬水 100 毫升

－迷迭香

黑死酒和柳橙汁放入雪克杯，加入少許冰塊混合。倒入杯中。倒入檸檬汽水稀釋。放上一枝迷迭香裝飾。

冰咖啡
ICED COFFEE

－黑死酒 50 毫升

－蘭姆酒 50 毫升

－咖啡 50 毫升

－葡萄柚汁 150 毫升

－薄荷

所有材料放入雪克杯中混合。倒入杯中。以少許薄荷葉裝飾。

Whisky irlandais

愛爾蘭 威士忌

在翡翠之島（L'île d'émeraude）聲望掃地以前，曾有很長一段時間身為威士忌世界的領頭羊。

愛爾蘭威士忌首府
都柏林
（Dublin）

每年產量（百萬公升）
100

每公升酒精濃度
40 ～ 50%

優質酒款每瓶價格
35 歐元

起源

蒸餾器能夠抵達愛爾蘭的土地，都要歸功於修士。過去英國人相信，愛爾蘭戰士的力量是來自某種以穀物為基底的蒸餾飲料。美國的禁酒令（1920 ～ 1933年）使得愛爾蘭威士忌失去主要市場，重創該產業。一直要到第二次世界大戰後，以及歐盟簽訂共同市場協議（1966年），才為蒸餾廠注入新氣息。使用的穀物與蘇格蘭相同，不過製程的差別在於不使用泥煤，並採用未發芽的大麥和三次蒸餾。

品飲

流出蒸餾器的威士忌是無色的，賦予酒液色澤的則是過桶與陳年。酒色的深淺並非和品質畫上等號，主要是幫助消費者辨別不同類型的威士忌。有些愛好者認為威士忌中什麼都不該加，以免破壞酒的本質。然而，無數專業人士經常在品飲時加入少許的水。

三次蒸餾賦予威士忌獨特的果香 純水具有突顯特質的效果，並且能夠讓威士忌「舒展」開來，更能進一步享受整體的香氣。不過，加入冰塊卻可能令香氣無法完全發散。如果天氣非常炎熱，最好將整瓶酒和／或酒杯放入冰箱冰鎮數分鐘。三次蒸餾能賦予威士忌獨特的果香。Cheers！

> 奶油和威士忌都治不好的病，就無藥可救了。
>
> 愛爾蘭俗諺

重要日期

1200年	→	1608年	→	1826年	→	1950年
傳教士在旅行的過程中，將蒸餾技巧傳到愛爾蘭。		北愛爾蘭的安特里姆郡（comté d'Antrim）最早獲得官方蒸餾認證。		羅伯‧斯坦發明穀類酒精的連續蒸餾系統：柱式蒸餾器。		「愛爾蘭威士忌法案」奠定了「愛爾蘭威士忌」之稱。

愛爾蘭蒸餾廠地圖

北大西洋

北海海峽

Bushmills Dist.

Niche Drinks

北愛爾蘭
（英國）

Sliabh Liag Dist.

Belfast Dist. Co.

○ BELFAST

Echlinville Dist.

Rademon
Estate Dist.

Nephin

○ SLIGO

Lough Gill Dist.

Great Northern Dist.

The Connacht
Whiskey Company

Boann Dist.

○ DUNDALK

The Shed Dist.

Cooley Dist.

Slane Castle Dist.

○ NAVAN

DROGHEDA

Teeling
Whiskey Co.

Irish Fiddler
Whiskey

Kilbeggan Dist.

Dublin
Whiskey Dist.

○ SWORDS

□ DUBLIN

GALWAY

Alltech Dist.

Tullamore Dew

○ NAAS

BRAY

Dublin
Whiskey Co.

Burren

Glendalough Dist.

○ ENNIS

○ CARLOW

Chapel Gate

○ LIMERICK

KILKENNY

Walsh Whiskey Dist.

北

Dingle Dist

Tipperary Dust.

Kilkenny Whisky Dist.

○ TRALEE

Blackwater
Dist.

○ WATERFORD

Kilmacthomas

Clonakilty
Whisky Co.

Renegade Spitits

愛爾蘭海

○ CORK

Gortinore
Dist.

Dúchas Dist.

Irish
Distillers

凱爾特海

0   30   60 km

「whiskey」的拼寫在英國人出現後的變化包括有 uisce、fuisce、uiskie、whiskey。 在愛爾蘭和美國，威士忌皆拼寫做「whiskey」，世界其他國家則使用「whisky」。

愛爾蘭威士忌的四種類型

黑醋栗、紅色莓果、桃子、燃燒木頭

知更鳥十二年
Redbreast 12 ans
米爾頓蒸餾廠
Distillerie Midleton

純壺式蒸餾器
混合發芽大麥和未發芽大麥放入壺式蒸餾壺，法文稱為「夏朗德式蒸餾器」（*alambic à repasse*）。

香草、蜂蜜、檸檬、甘草

波希米爾十年
Bushmills 10 ans
愛爾蘭蒸餾酒蒸餾廠
Distillerie Irish Distillers

單一麥芽
同一家蒸餾廠以100%大麥製作

葡萄乾、蜂蜜、焦糖、香草

天頂單一穀物
Teeling Single Grain
天頂威士忌公司蒸餾廠
Distillerie Teeling Whiskey Co.

單一穀物
同一家蒸餾廠混合不同穀物（玉米、大麥、黑麥、小麥）製成

桃子、辛香料、烘烤木頭、扁桃仁

尊美醇十二年
Jameson 12 ans
愛爾蘭蒸餾酒蒸餾廠

調和
由上述至少兩種威士忌調和而成

Porter anglais

英國
波特啤酒

沒錯，不同於大家的想像，最黑暗的啤酒竟誕生於英國。

波特首府
倫敦

每年產量（百萬公升）
330

每公升酒精濃度
4 ～ 12%

優質酒款每瓶價格
3.5 歐元

> 若說啤酒是甜點，那麼波
> 特就是巧克力慕斯。

啤酒專家・傑夫・奧沃斯
（Jeff Alworth）

起源

此類型啤酒是透過結合當時不同類型的啤酒優點而誕生。完成的啤酒酒精濃度不高又爽口，非常適合為倫敦港口的無數碼頭搬運工解渴，這些搬運工就叫做……porter，這就是波特啤酒（Porter）的名稱由來。接著出現司陶特波特（Stout Porter），意指更濃烈強勁的波特啤酒。然後兩款啤酒走上各**這類型的啤酒**自的道路，並成為**色澤來自烘烤**啤酒業的同義詞。**過的大麥**波特啤酒固然是英國啤酒，不過卻是愛爾蘭品牌健力士（Guinness）讓波特啤酒蔚為話題。這類型的啤酒色澤來自釀造過程使用烘烤過的大麥。過桶能賦予啤酒椰子和香草等第三層香氣。

品飲

飲用波特啤酒時，溫度不可過於冰涼。你可以在開瓶前半小時從冰箱取出。這類型的啤酒和藍紋乳酪非常合拍，例如洛克福（Roquefort）、奧維涅藍乳酪（Bleu d'Auvergne）……。
司陶特／波特有兩種風格：不甜型和甜型（較圓潤，風味十足）。不甜型適合搭配海鮮，甜型則可搭配巧克力口味的甜點。我們較建議冬季時圍繞著爐火或一大桌人飲用。三百年間，波特啤酒家族不斷壯大，發展出改良版或變化版。牡蠣司陶特就是其中最特異的酒款之一：這款啤酒以一層壓碎的牡蠣殼過濾。這項技法為酒款帶來令人意外的鹹味和碘味。Cheers！

重要日期

1718年 →	1780年 →	20世紀
倫敦出現最早的波特啤酒雛形。	亞瑟・健力士（Arthur Guinness）在愛爾蘭釀造第一批自己的波特啤酒。	烘烤過的大麥取代烘烤麥芽。

英國十大最佳波特釀酒廠
Ratebeer.com 網站票選排名

北

格拉斯哥
GLASGOW

愛丁堡
ÉDIMBOURG

⑤ Northern Monk

③ Magic Rock

貝爾法斯特
BELFAST

⑥ Cloudwater

里茲
LEEDS

曼特斯特
MANCHESTER

利物浦
LIVERPOOL

謝菲爾德
SHEFFIELD

① Old Chimneys

愛爾蘭

波特／司陶特的香氣

咖啡、巧克力、香草、榛果、焦糖

② Buxton

萊斯特
LEICESTER

伯明罕
BIRMINGHAM

聖奧爾本斯
ST-ALBANS

⑨ The Kernel

卡地夫
CARDIFF

倫敦

⑩ Thornbridge Hall

布里斯頓
BRISTOL

波特／司陶特

⑦ Fuller's Brewery

⑧ Moor

④ Beavertown

法國

0　50　100 km

波特啤酒的變化型

烘烤大麥時，要使用極
高溫加熱穀粒，使其生
成釀造啤酒所需的麥芽。
大麥烘烤程度越高，啤
酒的顏色越深，並帶有
濃郁的咖啡香氣。

愛爾蘭司陶特
（Irish Stout）

酒精濃度低，不甜，清爽
酒精濃度：4%

牛奶司陶特
（Milk Stout）

釀造過程加入少許乳糖，
因此口感綿滑
酒精濃度：6%

俄式帝國司陶特
（Russian Imperial Stout）

由於啤酒花含量較高，
口感較圓潤也較苦
酒精濃度：10%

牡蠣司陶特
（Oyster Stout）

和牡蠣一起釀造，這款司陶特
帶有令人意外的鹹味與碘味
酒精濃度：6%

Gin anglais

英國琴酒

琴酒誕生於荷蘭，在英國普及化，並在菲律賓大量生產，它是精力充沛的旅人。

琴酒首府
倫敦

每年產量（百萬公升）
380

每公升酒精濃度
37.5 ～ 47%

優質酒款每瓶價格
30歐元

> 琴通寧拯救的性命和精神，比整個大英帝國的醫生還多。

溫斯頓・邱吉爾

起源

英國琴酒一如其老祖先荷蘭杜松子酒（genièvre，荷蘭的傳統酒飲），也是以杜松子增添香氣的烈酒。無色無味的基底可以使用各種穀物，單一或混合生產，像是大麥、裸麥或小麥。杜松子是香氣主體，不過也可以選用其他草本原料，像是柑橘皮、芫荽籽、小豆蔻，甚至肉桂。現今世界各地皆生產琴酒：菲律賓是琴酒的最大生產國與消費國。

菲律賓是琴酒的最大生產國與消費國

品飲

琴酒很少純飲，是目前全世界最流行的烈酒之一，這股風潮正是由大名鼎鼎、最重要的調酒之一琴通寧所帶起。要知道，琴通寧的發明竟然和……衛生有關！十八世紀時，身處印度的英國殖民者無法喝當地不適合生飲的水。含有奎寧的通寧水似乎成了解決之道。為了平衡通寧水的苦味，人們在其中加入少量琴酒。而且這款調酒透明無色，還可以假裝成單純的氣泡水呢！

琴酒是可使用原料數量最多的酒類，其香氣範圍對調酒愛好者來說，簡直就是美好的遊樂場。務必要辨別兩種琴酒：天然琴酒（以酒精浸泡辛香料取得香氣）和人工（香精混合）。Cheers！

對愛好者來說，簡直就是美好的遊樂場

重要日期

17世紀 →	1736年 →	18世紀 →	1980年
荷蘭人釀造荷蘭琴酒。	琴酒在英國受法律規範。	英國人將琴酒帶到菲律賓。	琴酒重新席捲歐洲酒吧。

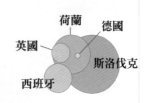

加拿大

美國

荷蘭　德國

英國

斯洛伐克

西班牙

烏干達

菲律賓

「倫敦干型琴酒」（London Dry Gin）一名完全沒有地理限制，而是指一種類型，可以在世界任何地方生產。

1,4

0,4
0,2
0

琴酒主要消費國
每人每年飲用的公升量

琴酒的四大類型

琴通寧
GIN TONIC

－琴酒 50 毫升

－通寧水 100 毫升與冰塊

倫敦干型琴酒
（London Dry Gin）

名氣最大，不可添加任何人工香精或色素。

蒸餾琴酒
（Distilled Gin）

這是全世界分布最廣的琴酒類型。可以在最終步驟添加色素和香精。

黑刺李琴酒
（Sloe Gin）

黑刺李利口酒，帶有櫻桃、扁桃仁、李子的香氣。酒精濃度30%。

桶陳琴酒
（Barrel Aged Gin）

放在木桶陳年的倫敦琴酒，用來製作白蘭地或威士忌。略呈琥珀色。

依序倒入冰塊、琴酒、通寧水。放入一片檸檬圓片與少許辛香料。

杜松子

杜松子，又稱「窮人的胡椒」，屬於柏科

杜松灌木的高度從 50 公分至 15 公尺不等

古代和中世紀時，杜松子做為藥用

某些杜松品種壽命可超過 1,000 年

白色佳人
WHITE LADY

－琴酒 50 毫升

－橙酒（triple sec）

－新鮮檸檬汁 20 毫升

－冰塊

所有材料與冰塊一起搖盪。倒入杯中時濾去冰塊。

Cask ale britannique

英式桶裝啤酒

這類啤酒不經過濾和巴斯德殺菌法，活力十足，是英國酒吧的典型啤酒。天佑啤酒！

桶陳啤酒首府
聖奧爾本斯
（St Albans）

每年產量（百萬公升）
600

每公升酒精濃度
3 ～ 6%

酒吧一品脫的價格
4 歐元

起源

「桶陳啤酒」並非指啤酒類型，更像是一種包裝和供應方式。這是傳統原料釀造的啤酒，在同一個容器中發酵與供應。不同於其他桶裝啤酒，桶陳啤酒不添加氣體，因此一品脫的啤酒，要仰賴酒吧的侍者在酒液中「打入」壓力四到五次才能端到客人面前。會採用這種侍酒方式，主要與經濟層面有關。十七世紀發明啤酒瓶時，是啤酒業的一大革命，但是底層階級負擔不起這項奢侈**英國酒吧的**　品，依舊繼續直接從**傳統象徵**　木桶取出啤酒。目前在英國，這類啤酒仍非常普遍，已成為酒吧的傳統象徵。所有桶裝啤酒皆由人工榨取，不過並非所有人工榨取的啤酒都是桶裝啤酒。部分美國或歐洲酒吧也在店內重現這項習俗，創造更「英式」的氛圍。

品飲

由於桶裝啤酒可以是任何類型的啤酒（司陶特、印度淡艾爾、或是英式苦**桶裝啤酒特別**　啤酒……），因此**突顯使用的**　沒有絕對的香氣特**啤酒花和麥芽**　徵。共同點在於這些啤酒並不會特別冰涼，氣泡也比其他啤酒少。純粹主義者強調，桶裝啤酒會特別突顯釀造使用的啤酒花和麥芽。當然啦，一如所有英式啤酒，桶裝啤酒當然也要裝在品脫杯中享用。Cheers ！

重要日期

西元前54年	→	1393年	→	1971年
當地最早的釀造啤酒遺跡		此時「ales houses」開始改稱為「public houses」，後來演變成「pub」一字。		成立真艾爾運動組織（CAMpaign for Real Ale，CAMRA），目的是推廣傳統艾爾啤酒。

北 海

蘇格蘭

愛丁堡
ÉDIMBOURG

格拉斯哥
GLASGOW

北愛爾蘭
BELFAST

西北英格蘭

東北英格蘭

北

愛爾蘭

MANCHESTER

LIVERPOOL

SHEFFIELD

東米德蘭茲
East Midlands

威爾斯
Galles

LEICESTER

BIRMINGHAM

東安格利亞
East Anglia

西米德蘭茲
West Midlands

ST-ALBANS

倫敦

CARDIFF

BRISTOL

東南英格蘭

西南英格蘭

英 吉 利 海 峽

法國

	300 以上
	250～299
	200～249
	150～199
	100～149

各區域的啤酒釀造廠數量（間）

0　50　100 km

酒吧提供的英式啤酒

拉格
(Lager)
65%

艾爾
(Ale)
29%

司陶特／波特
(Stout/Porter)
6%

金屬桶
(Keg)
43 %
添加二氧化碳

木桶
(Cask)
57 %
完全不添加二氧化碳

酒吧（pub）一名來自「人民之屋」（public house）的簡稱。這些商家在英國廣受歡迎，受喜愛的程度之盛，甚至在西元 965 年時國王埃德加（roi Edgar）下令，一座村莊只准有一間酒吧。

Lambic de Bruxelles

布魯塞爾 蘭比克啤酒

該如何一言以蔽之地介紹蘭比克啤酒呢？簡單來說，這是全世界最繁複、少見且古老的啤酒類型。就是這樣！

蘭比克首府
布魯塞爾
（Bruxelles）

每年產量（百萬公升）
50

每公升酒精濃度
5%

優質酒款每瓶價格
（750毫升）
8 歐元起

> 蘭比克是啤酒的靈魂，是啤酒的過去、現在，以及未來。

尚‧烏姆勒（Jean Hummler），
布魯塞爾酒吧 Moeder Lambic
Fontainas 共同經營者

起源

根據某些文獻，「蘭比克」（Lambic）一名來自塞納河谷內布魯塞爾南邊的小鎮「蘭貝克」（Lembeek），這座比利時小鎮以自然發酵聞名。所謂「自然」發酵，是指釀造者不會在發酵麥汁中加入任何酵母，自然發酵而成。這些酵母存在於（受控制的）空氣中，會「感染」發酵槽。因此這是唯一可以清楚表達「風土」的啤酒，因為空氣分子會以壓倒性的方式介入發酵過程。巴斯德的研究強調酵母在發酵過程的影響（1857年），因此所有釀造啤酒的國家都轉而使用加入酵母的釀酒法，除了極少數不肯讓步的比利時人，他們堅信自然發酵才是最完美的發酵之道。

品飲

蘭比克啤酒帶有酸度、酒精濃度低、泡沫比傳統啤酒少。比起老年份的蘭比克啤酒，年輕酒款風味較甜。最優質的蘭比克只要保存條件佳，最多可以陳放三十年。因此簡而言之：風土概念、限期製造、具陳放潛力……，優質葡萄酒該有的，蘭比克一樣也不少！Santé！

重要日期

西元前 4,000 年 → 1857 年 → 1875 年 → 1998 年

兩河流域的「席卡路」（Sikura）啤酒是蘭比克的祖先。

路易‧巴斯德的研究證明酵母是發酵過程的重要角色。

羅宏（A. Laurent）的《啤酒釀造字典》（Dictionnaire de la Brasserie），首度提及葛茲。

擁有傳統特產保證（Spécialité traditionnelle garantie，STG）的「蘭比克」、「葛茲」和「克里克」創立。

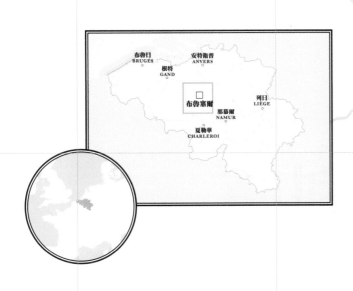

ASSE ○　Mort Subite

○ WEMMEL

TERNAT ○　Girardin

LIEDEKERKE ○

布魯塞爾

De Troch　　　Timmermans　　　● Cantillon

ST-KWINENS-
LENNIK ○

　　　　Lindermans　　　● Belle-Vue

De Cam　　　　　　　　　　● Drie Fonteinen

ST-PIETERS-LEEW　　　　● Oud Beersel

哈勒（HALLE）　　　　　ST-GENESIUS-RODE ○

LEMBEEK ○　　　Hanssens　　**滑鐵盧**

Tilquin　　　　　Boon

TUBIZE ○

● 蘭比克釀造廠
● 蘭比克混調廠*

傳統蘭比克的製作時期從十月中到隔年四月中。這段時期的夜晚相當冷涼，足以降低釀造的溫度。因此並非全年度皆可生產。

酵母是啤酒釀造過程最重要的原料，但用量也最少，酵母負責生成氣泡、酒精以及一款啤酒的特色。

* 蘭比克混調廠（Coupeurs de Lambic，又稱葛茲廠〔Gueuzerie〕）會向蘭比克釀造廠購買發酵麥汁（moût），廠內負責陳年、混調以及裝瓶。

專有名詞小解析

蘭比克（Le Lambic）
布魯塞爾地區自然發酵製成的啤酒

葛茲（La Gueuze）
不同年份的蘭比克混調

陳年葛茲（Oude Gueuze）
陳年的蘭比克混調

酸櫻桃（Kriek）
浸泡酸櫻桃的蘭比克

覆盆子（Framboise）
浸泡覆盆子的蘭比克

黑糖（Faro）
浸泡冰糖的蘭比克

精選必嘗 蘭比克

覆盆子、蘋果、稻草

Rosé de Gambrinus
類別：覆盆子
酒廠：Cantillon
酒精濃度：5%

蘋果、檸檬、核桃

Gueuze 100% Lambic bio
類別：葛茲
酒廠：Cantillon
酒精濃度：4.2%

果乾、森林地表、焦糖

Lindemans faro
類別：黑糖
酒廠：Lidemans
酒精濃度：4.2%

櫻桃、香草、丁香

Boon Mariage Parfait Kriek
類別：酸櫻桃
酒廠：Boon
酒精濃度：8%

柳橙、水蜜桃、蘋果

Gueuze Cuvée St-Armand & Gaston
類別：陳年葛茲
酒廠：Brouwerij 3 Fonteinen
酒精濃度：5.4%

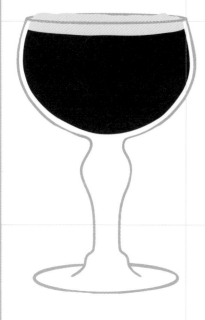

Trappiste belge

比利時
修道院啤酒

法國葡萄酒有「特級園」，比利時啤酒則有「修道院」：這是鳳毛麟角、數量（幾乎）單手就能數出來的菁英釀酒廠。

修道院啤酒首府
弗萊特倫
（Vleteren）

每年產量（百萬公升）
39

每公升酒精濃度
6 ～ 12%

優質酒款每瓶價格
（330毫升）
2.5 歐元起

起源

修道院啤酒並不等於一種絕對的類型，而是表示製作的環境。修道院啤酒必須在嚴規熙篤會修道院（abbaye Cistercienne Trappiste）內，在修士的監督下製造。全世界共有十一家修道院釀酒廠，六座位於比利時，兩座在荷蘭，一座在奧地利，一座在義大利，還**全世界共有十一**有一座在美國。**家修道院釀酒廠**滿足位於修道院的需求後，販售啤酒的收入也須用於慈善事業。修士們自行種植大麥和啤酒花，對啤酒產業的發展大有貢獻。啤酒在歐洲北方占優勢，與葡萄藤在中世紀遭逢突如其來的小冰河期有關。

品飲

修道院啤酒沒有統一的風味，不過卻有一個共同點：高溫發酵。這項釀酒技術是使用「高溫」類型的酵母。此發酵法**修道院啤酒**會讓啤酒的二氧化碳**餐酒搭配可**含量較低、酒精濃度**能性極多**較高，帶有水果和辛香料氣息。這些啤酒的品飲溫度不可過於冰涼，應該要在攝氏 8 ～ 12 度之間。修道院啤酒的酒體飽滿，餐酒搭配的可能性極多。倒酒時，要留下瓶內約一公分高的酒液，以免將酵母殘渣倒入杯中。Santé！Proost！Prost！

> 如果當初亞當知道如何釀啤酒，夏娃就絕對不會被蘋果汁吸引了。
>
> 作家馬塞・哥卡（Marcel Gocar）

重要日期

1308 年 →	1838 年 →	1962 年 →	2016 年
布魯日出現第一個啤酒釀酒師社團。	位在西弗萊特倫的聖西斯特修道院（abbaye Saint-Sixte）釀造該院的第一批啤酒。	國際嚴規修道院啤酒協會為「修道院啤酒」之名定義嚴格規則。	比利時啤酒獲得聯合國無形文化遺產註冊。

雖然中文皆翻譯為「修道院啤酒」，
不過可別混淆「bière trappiste」
和「bière d'abbaye」喔！「bière
d'abbaye」一詞是指參照修道院風
格的工業釀酒廠。

布魯日
BRUGES

Westmalle

Achel

根特
GAND

安特衛普
ANVERS

Westvleteren

法蘭德斯
FLANDRES

弗萊特倫
VLETEREN

荷蘭

北

布魯塞爾

列日
LIÈGE

德國

那慕爾
NAMUR

瓦隆
WALLONIE

夏勒華
CHARLEROI

Rochefort

法國

Chimay

盧森堡

Orval

0   25   50   75 km

正宗嚴規修道院產品

此標誌是由國際嚴規修道院啤酒協會
發行，用以確保嚴規熙篤修道會生產
的啤酒、利口酒或乳酪之正統性。

精選必嘗修道院啤酒

Westvleteren 12
四倍 — 10,2 %
（QUADRUPLE）

Chimay
三倍 — 8 %
（TRIPLE）

Orval
比利時淡艾爾 — 6,2 %
（BELGIAN PALE ALE）

Rochefort 8
強黑艾爾 — 9,2 %
（DARK STRONG ALE）

Westmalle
三倍 — 9,5 %
（TRIPLE）

Achel 8
強艾爾 — 8 %
（STRONG ALE）

小麥啤酒首府
慕尼黑
（ Munich ）

———

每年產量（百萬公升）
700

———

每公升酒精濃度
5 ～ 6%

———

優質酒款每瓶價格
（ 500毫升 ）
2.5 歐元

"
在德國，啤酒的地位等同蔬菜。"

書籍與腳本作家尚－馬力・古里歐
（ Jean-Maire Gourio ）

Weizenbier allemande

德國
小麥啤酒

在啤酒的歷史中，無數啤酒種類都差一點就要消失。德國小麥啤酒就是啤酒釀酒師和麵包師爭奪戰之間的倖存者。

起源

「Weizenbier」的字面意思就是「小麥啤酒」，通常是以 70% 的小麥麥芽高溫發酵釀造而成。此類型啤酒的起源可追溯至波希米亞（現今的捷克共和國），不過小麥啤酒卻是在巴伐利亞站穩腳步。然而，此類啤酒由於〈啤酒純釀法〉（Reinheitsgebot）的規定險些消失。這項法令於 1516 年頒布，內容關於啤酒的純淨度，是歐洲最古老的食品法規。該法令限制不可使用小麥釀造啤酒，以保留用於製作麵包。這項限制令許多釀酒師灰心喪志，一直到十九世紀初，全德國僅存兩家小麥啤酒釀酒廠。整整兩個世紀，一小群不願屈服的啤酒愛好者，帶著滿腔熱血與使命感，才在 1980 年代讓這款有如巴伐利亞象徵的啤酒重新回歸。

此類啤酒由於法律規定曾險些消失

品飲

小麥啤酒使用特殊酵母釀造，帶有香蕉和丁香香氣。通常未經過濾，因此酒色混濁。傳統巴伐利亞小麥啤酒會裝在又大又薄的玻璃杯中，還有厚厚一層持久不散的泡沫。不同於某些啤酒，小麥啤酒必須整瓶倒入杯中享用。用冷水清洗酒杯後，傾斜杯身，倒入四分之三瓶啤酒。搖晃瓶中的沉澱，讓夾帶了更多風味的剩餘四分之一啤酒倒入杯中。

Prost！

帶有香蕉和丁香香氣

重要日期

西元5世紀 → **1516年** → **1812年**

| 受捷克啟發，首度釀造小麥啤酒。 | 頒布〈啤酒純釀法〉。 | 全德國僅存兩間小麥啤酒釀酒廠。 |

北海

波羅的海

什勒斯維希－霍爾斯坦
Schleswig-Holstein

梅克倫堡－西波美拉尼亞
Mecklembourg-
Poméranie-Occidentale

漢堡

BRÊME

下薩克森
Basse-Saxe

柏林

波蘭

HANOVRE

北萊因－西發利亞
Rhénanie-du-Nord-
Westphalie

薩克森－安哈特
Saxe-Anhalt

布蘭登堡
Brandenbourg

荷蘭

ESSEN　DORTMUND

LEIPZIG

杜塞多夫

科隆

薩克森
Saxe

黑森
Hesse

圖林根
Thuringe

DRESDE

AIX-LA-CHAPELLE

BONN

比利時

萊茵蘭－普法茲
Rhénanie-
Palatinat

FRANCFORT-
SUR-LE-MAIN

捷克共和國

薩爾
Sarre

MANNHEIM

NUREMBERG

北

法國

KARLSRUHE

斯圖加特

巴伐利亞
Bavière

■	300 以上
■	120～300
■	60～120
■	30～60
□	30 以下

巴登－符騰堡
Bade-Wurtemberg

AUGSBOURG

慕尼黑

德國各邦啤酒釀造廠數量（間）

瑞士　　列支敦斯登

奧地利

0　50　100 km

慕尼黑人對自家啤酒
非常驕傲。每年慕尼黑
都會舉辦啤酒節，當地
稱為「Oktoberfest」，
接待來自世界各地超
過六百萬位遊客。

小麥啤酒的三大類型

香蕉、檸檬、
丁香

香蕉、新鮮麵包、
丁香

香蕉、丁香、榛果、
烤麵包

水晶小麥啤酒
（Kristallweizen）
色澤金黃清澈
過濾啤酒

酵母小麥啤酒
（Hefeweizen）
色澤呈偏橘的金黃色
無過濾啤酒

深色小麥啤酒
（Dunkelweizen）
色澤為深褐色
無過濾啤酒

Riesling du Rhin

萊茵河
麗絲玲

麗絲玲究竟屬於法國？還是德國？可以確定的是，麗絲玲絕對有許多故事可以訴說。

麗絲玲首府
德國：特里爾
（Trèves）
法國：科瑪
（Colmar）

每年產量（百萬公升）
10

每公升酒精濃度
12.5%

優質酒款每瓶價格
（750毫升）
17歐元

> 要揮別煩惱，還有什麼比愛情和阿爾薩斯葡萄酒更好的選擇呢？

音樂家與詩人喬瑟夫・格拉弗
（Joseph Graff）

起源

麗絲玲（Riesling）被認為是原產於德國萊茵河谷的白葡萄品種，可能由羅馬人帶來。它是白高維斯（Gouais Blanc）的後代，如今在世界各地皆有栽種（紐西蘭、加州等等），不過它在原產地才最能展現其風貌。除了少數例外產區會與其他品種混調，麗絲玲都是單一品種釀造。此品種偏好冷涼的氣**麗絲玲源自德**候，在紅酒葡萄品**國的萊茵河谷**種無法生長之地最能大鳴大放。法國與德國皆然，葡萄藤躲在陡峭的萊茵河畔，聚集在陽光充足又能遮蔽凜風之處。

品飲

麗絲玲出色的香氣表現，使其與夏多內、白梢楠與白蘇維濃並列最佳白葡萄品種，有如一面忠實反映風土的鏡子。**世界最佳的白酒**不同於某些香氣**葡萄品種之一**奔放的品種，麗絲玲展現的主要是種植地區的風土。優質的麗絲玲可以存放十至十五年之久。開瓶時別猶豫直接倒入醒酒瓶。一如所有偉大品種，麗絲玲的品飲溫度不可過於冰涼：低溫會掩蓋香氣和風味。在餐桌上則是搭配禽類、魚類、海鮮，甚至更是某些亞洲菜餚的絕佳選擇。介於白梢楠的柔潤與白蘇維濃的活力之間，並且展現令某些夏多內汗顏的陳年潛力，麗絲玲絕對實力堅強！ Santé ！ Prost ！

重要日期

1435年 → **15世紀** → **1996年**

德國農產帳本中，首度出現文字記載的「Riesling」一字。

麗絲玲引進法國阿爾薩斯地區。

麗絲玲成為德國最普遍的葡萄品種。

多特蒙德
DORTMUND

埃森
ESSEN

卡瑟爾
KASSEL

杜塞爾多夫
DÜSSELDORF

科隆
COLOGNE

錫根
SIEGEN

艾斯拉夏貝
AIX-LA-CHAPELLE

波昂
BONN

比利時

Moyenne Rhénanie

黑森
Hesse

Ahr

萊茵蘭
Rhénanie

科布倫茲
COBLENCE

Rheingau

美茵河岸法蘭克福
FRANCFORT-
SUR-LE-MAIN

法蘭克尼亞
Franconie

Main

Moselle

盧森堡
Luxembourg

特里爾
TRIER

Hesse rhénane

達姆施塔特
DARMSTADT

紐倫堡
NUREMBERG

普法茲
Palatinat

Nahe

Bergstrasse

曼海姆
MANNHEIM

Palatinat

海德堡
HEIDELBERG

德 國

梅茲
METZ

海布隆
HEILBRONN

卡爾斯魯爾
KARLSRUHE

南錫
NANCY

Wurtemberg

Meuse

Moselle

史特拉斯堡
STRASBOURG

普福茲海姆
PFORZHEIM

巴登
Pays de Bade

斯圖加特
STUTTGART

因哥爾施塔特
INGOLSTADT

阿爾薩斯
Alsace

Danube

Bade

奧格斯堡
AUGSBURG

Isar

科瑪
COLMAR

弗萊堡
FRIBOURG-
EN-BRISGAU

慕尼黑
MUNICH

米盧斯
MULHOUSE

*Lac de
Constance*

貝桑松
BESANÇON

列支敦斯登

瑞士

北

0   50   100 km

全球的麗絲玲
（50,000公頃）

世界其他地方
15 %

奧地利
3 %

烏克蘭
6 %

法國
7 %

澳洲
9 %

美國
10 %

德國
50 %

「晚摘」是讓葡萄留在葡萄藤上，直到長出黴菌，即貴腐菌（*Botrytis cinerea*）。黴菌會使果粒乾縮，濃縮糖分與香氣。

麗絲玲的香氣

白色花朵、椴花、檸檬、葡萄柚

打火石、石油、蜂蜜、糖漬水果

百香果、榲桲、焦糖

年輕酒款
色澤淺黃

陳年酒款
色澤深黃

晚摘酒款
色澤金黃

Kirsch de Forêt-Noire

黑森林櫻桃白蘭地

既是頂尖甜點，也是風味獨特的烈酒：黑森林的櫻桃是巴登的美食核心，該地區的蒸餾廠數以千計。

櫻桃白蘭地首府
奧柏基希
（Oberkirch）

每年產量（百萬公升）
10

每公升酒精濃度
40 ～ 45%

優質酒款每瓶價格
（700毫升）
50 歐元

> **瑪杜琳帶了櫻桃白蘭地。我們舉杯對飲。梅桑芝覺得喝起來不錯。客棧主人又倒了一杯。**
>
> 雷蒙・格蒙（Raymond Queneau），《我的朋友皮埃洛》（*Pierrot mon ami*），1942 年出版

起源

櫻桃蒸餾酒在德語中叫做「kirsch」（櫻桃）和「kirschwasser」（櫻桃水），源自十八世紀黑森林地區的農村。當時人們以在黑森林採集的野櫻桃生產叫做「Brentz」的手工櫻桃蒸餾酒。這款酒過去僅在特殊場合飲用，因為製作 1 公升的櫻桃烈酒，需要至少 10 公斤的野櫻桃。接著，當地發展出種植櫻桃的產業，櫻桃白蘭地因而普及化，進入弗萊堡和巴登－巴登的小酒館。

如今黑森林一共有14,000座蒸餾廠

如今黑森林共有 14,000 座規模不一的蒸餾廠，除了櫻桃之外，也蒸餾其他水果，像是洋梨、黃香李或李子。值得一提的是，在德國自釀蒸餾酒的權利仍是家傳，在法國則非家傳，不過常常是家族事業。雖然櫻桃白蘭地源自黑森林，不過近十年來在阿爾薩斯的孚日省和周邊開始出產櫻桃白蘭地（Kirsch de Fougerolles），頗具名氣，瑞士和萊茵省北部亦有生產。

品飲

黑森林的櫻桃季節始於五月，必須在熟透時採收，確保果實甜美、充滿香氣。一旦採收下來，便將櫻桃放入木桶中發酵二至四週。占櫻桃體積 5% 的果核則會壓碎，加入未發酵的果汁中：黑森林櫻桃白蘭地極具特色的苦扁桃仁香氣就是來自於果核。成熟兩年，可確保櫻桃白蘭地的風味更佳。

傳統上，櫻桃白蘭地在黑森林地區是當作消化酒飲用，並在當地製作甜點和糖果中占有一席之地，尤其是名聞遐邇的黑森林蛋糕，這款巧克力海綿蛋糕使用櫻桃白蘭地增添香氣，並搭配糖漿漬櫻桃與香緹鮮奶油。Prost ！

重要日期

18世紀	→	1726年	→	2000年
黑森林農民蒸餾手工櫻桃烈酒。		史特拉斯堡主教頒布對奧柏基西住民有利的法令，目的是確保農民以這款蒸餾酒作為收入來源。		黑森林地區共有14,000 座蒸餾廠。

達姆施塔特
DARMSTADT

曼海姆
MANNHEIM

海德堡
HEIDELBERG

海布隆
HEILBRONN

卡爾斯魯爾
KARLSRUHE

佛茨海姆
PFORZHEIM

斯圖加特
STUTTGART

巴登－巴登
BADEN-BADEN

史特拉斯堡
STRASBOURG

奧柏基希
OBERKIRCH

奧芬堡
OFFENBOURG

黑森林
Forêt-Noire

弗萊堡
FRIBOURG-
EN-BRISGAU

康士坦茲
CONSTANCE

柏林

法國

德國

瑞士

北

康士坦茲湖

多瑙河

萊茵河

0   25   50 km

奧柏基希市人口約
20,000 人，共有 900
座蒸餾廠。

皇家櫻桃
KIRSCH ROYAL

－櫻桃白蘭地 15 毫升
－櫻桃糖漿 30 毫升
－香檳或氣泡酒 90 毫升
－櫻桃 2 顆

事先在容器中混合櫻桃白蘭地和櫻桃
糖漿。倒入碟形香檳杯。每杯各放入
一顆櫻桃。倒入氣泡酒。立即飲用。

吉尼櫻桃（**La cerise guigne**）共有三十種

吉尼櫻桃在花期結束後
約四十天成熟。五月底
開始採收

其顏色從鮮紅
到黑紅色

吉尼是可以直接食
用的「甜」櫻桃，
果肉柔軟多汁，帶
有甜味與酸度

果實來自歐洲酸櫻桃
（*Prunus cerasus*）和
歐洲甜櫻桃（*Prunus
avium*）的混種

吉尼櫻桃

Absinthe suisse

瑞士
艾碧斯苦艾酒

兩世紀以來，瑞士艾碧斯苦艾酒引發許多真實或想像的故事，至今仍有「使人發狂的酒」的印象。它究竟是會造成身心凶險？或是有益身心？這就是艾碧斯苦艾酒的雙重性格。

苦艾酒首府
庫維
（Couvet）

每年產量（百萬公升）

1

每公升酒精濃度
45 ～ 70%

優質酒款每瓶價格
（700毫升）
40歐元

苦艾酒能忘懷煩惱，代價卻是頭痛欲裂。第一杯下肚，萬物似隨心之所欲；第二杯下肚，萬物已非原貌；第三杯之後，萬物展其本色。而這正是最駭人之處。

作家奧斯卡‧王爾德
（Oscar Wilde）

起源

畢達哥拉斯和希波克拉底在西元前四百年時，就已經闡述過艾碧斯苦艾酒的好處，像是可催情與能激發創造力，不過一直要等到十八世紀，艾碧斯苦艾酒的故事才真正從瑞士法語區的塔維山谷（Val-de-Travers）展開。當時一位法國醫生制定了一份以此酒為基底的處方。不過，看出其商業潛力的是亨利－路易‧佩諾（Henri-Louis Pernod），他在庫維成立第一間蒸餾廠。很快地，苦艾酒闖出名氣，甚至征服美好年代的巴黎，以及彼時的知名藝術家、詩人、畫家與作家。此酒的惡名來自苦艾植株的側柏酮，在藝術圈據傳有致幻效果。其飲用量不斷增加，加上引發的災禍，致使禁慾人士群起要求禁止苦艾酒，有時甚至採用極端手法。1915年，繼瑞士和美國禁止此酒後，法國禁慾人士也

在這場論戰中獲得勝利。今日，此酒在法國和瑞士重見天日，不過這款「綠精靈」酒飲的歷史象徵仍未消失。

品飲

苦艾酒的原始配方包含六種植物：大苦艾（grande absinthe）和小苦艾（petite absinthe）、茴芹（anis vert）、牛膝草（hysope）、檸檬香蜂草和甜茴香，有時會加入芫荽、薄荷、婆婆納（véronique）或菖蒲。

苦艾酒一定會兌水飲用，通常酒和水的比例為3：1或4：1。瑞士的喝法要輕輕地注入冰水，如此才能令植物精油的香氣散發出來。苦艾酒會變為漂亮的不透明綠色。這項規矩衍生出可以一滴滴將冰水滴入杯中的苦艾酒泉。在法國則習慣在苦艾酒匙上放一顆方糖，然後從上方將水倒入杯中。Santé！

重要日期

1798年	1830年	1915年	2005年
亨利－路易‧佩諾在庫維成立第一間苦艾酒工廠。	苦艾酒成為流行飲品	法國禁止飲用苦艾酒。	瑞士重新允許製造與銷售苦艾酒。

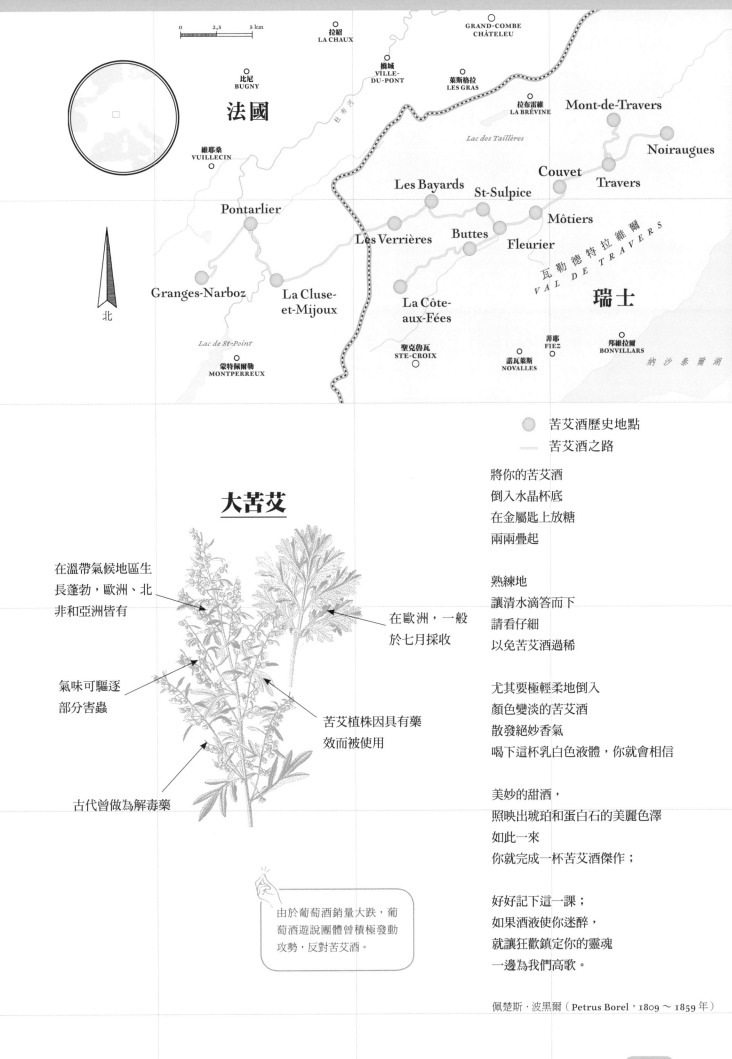

法國

LA CHAUX 拉紹

GRAND-COMBE CHÂTELEU

VILLE-DU-PONT 橋城

LES GRAS 萊斯格拉

BUGNY 比尼

LA BRÉVINE 拉布雷維

Mont-de-Travers

Lac des Taillères

Noiraugues

VUILLECIN 維耶桑

Couvet

Travers

Les Bayards

St-Sulpice

Pontarlier

Môtiers

瓦勒德特拉維爾
VAL DE TRAVERS

Les Verrières

Buttes

Fleurier

瑞士

Granges-Narboz

La Cluse-et-Mijoux

La Côte-aux-Fées

FIEZ 菲耶

BONVILLARS 邦維拉爾

Lac de St-Point

STE-CROIX 聖克魯瓦

NOVALLES 諾瓦萊斯

納沙泰爾湖

MONTPERREUX 蒙特佩爾勒

北

0 2,5 5 km

● 苦艾酒歷史地點

— 苦艾酒之路

大苦艾

在溫帶氣候地區生長蓬勃，歐洲、北非和亞洲皆有

在歐洲，一般於七月採收

氣味可驅逐部分害蟲

苦艾植株因具有藥效而被使用

古代曾做為解毒藥

由於葡萄酒銷量大跌，葡萄酒遊說團體曾積極發動攻勢，反對苦艾酒。

將你的苦艾酒
倒入水晶杯底
在金屬匙上放糖
兩兩疊起

熟練地
讓清水滴答而下
請看仔細
以免苦艾酒過稀

尤其要極輕柔地倒入
顏色變淡的苦艾酒
散發絕妙香氣
喝下這杯乳白色液體，你就會相信

美妙的甜酒，
照映出琥珀和蛋白石的美麗色澤
如此一來
你就完成一杯苦艾酒傑作；

好好記下這一課；
如果酒液使你迷醉，
就讓狂歡鎮定你的靈魂
一邊為我們高歌。

佩楚斯·波黑爾（Petrus Borel，1809 ～ 1859 年）

55

法國

據說，法國一年有幾天就有幾種乳酪。這個說法也適用於法
國的酒類！每個地區、省份甚至村鎮，都擁有自己的葡萄
酒、烈酒、蘋果酒，或是在地的利口酒。

「開胃酒」（apéritif）一詞無論何時都會獲得響應，因為
這是放鬆與分享的時刻，而且也極為法式！其他語言中找不
到真正能對應的翻譯，就是最好的證明。從蘋果酒到夏特勒
茲（Chartreuse），從干邑到黃香李酒，法國無疑是酒飲
最多元的國家。

諾曼地蘋果氣泡酒

諾曼地蘋果白蘭地

洛林黃香李酒

艾貝內香檳

布根地葡萄酒

夏朗特皮諾酒　夏朗特干邑

阿爾卑斯夏特勒茲

波爾多葡萄酒

隆河葡萄酒

普羅旺斯粉紅酒

加斯貢雅馬邑

馬賽帕斯提

布根地首府
伯恩
（Beaune）

每年產量（百萬公升）
141

每公升酒精濃度
12%

優質酒款每瓶價格
（750毫升）
35 ～ 50歐元

要像薄酒萊般努力
保持年輕，像布根
地那樣老去。

侯貝・薩巴堤耶
（Robert Sabatier）

Vin de Bourgogne

布根地葡萄酒

在布根地，葡萄酒之路也就是超凡卓越之路，是黑皮諾和夏多內
品種的稱霸之地。

起源

歷史間，葡萄酒和人類密不可分，布根
地就是最顯著的例子。兩千年來，這個
地區不僅與葡萄酒共存，更為了葡萄酒
存在。從羅馬商人帶來的最初植株，到
是拿破崙和許 成為聯合國認可的
多教士的最愛 傑出葡萄酒文化遺
產，葡萄藤之路始終朝著相同方向，也
就是品質。布根地葡萄酒是拿破崙和許
多教士的最愛，經常被拿來與香檳區的
葡萄酒相提並論。起初葡萄酒是因為需
求而送達此地（羅馬軍團渴望飲酒），
不過長駐此地卻非偶然。布根地坐落在
一道切穿豐厚天然沉積物的斷層帶。破
碎的葡萄園塊一部分是由於拿破崙時
期的法規，法規強制後代必須平均分配
遺產。今日，中等規模的酒莊約為7公
頃。

品飲

布根地所有的葡萄酒皆為單一品種，也
就是說，這些葡萄酒僅使用單獨且相同
的品種：白酒為夏多內，紅酒則是黑皮
諾。布根地的白酒和紅酒一樣，擁有與
眾不同的纖細與優雅。北邊生產的白酒
較緊縮，帶有礦物氣息，來自南邊的白
酒較柔和富果香。

紅酒葡萄在夜丘（côte de Nuits）和伯
恩丘（côte de Beaune）稱霸。年輕的
黑皮諾帶有覆盆子、櫻桃或黑莓等新鮮
水果香氣。隨著時間過去，會浮現皮
這兩個品種是布 革、松露與森林
根地原生品種， 地表的香氣。黑
喜歡以石灰質為 皮諾依照不同等
主的坡地。 級，陳年實力也
不盡相同。特級園酒款可以十五至二十
年後再飲用。所以沒錯，必須要耐心等
待。Santé！

重要日期

西元1世紀 →	1395年 →	18世紀 →	2015年
在高盧－羅馬影響下出現葡萄園。	菲利普二世（Philippe le Hardi）偏好黑皮諾，禁止種植加美（Gamay）品種。	法國大革命後，原本屬於教會和貴族的葡萄園做為國有財產出售。	布根地的風土（terroirs，當地稱為克立瑪〔climat〕）註冊為聯合國文化遺產。

布根地僅占全球葡萄酒產量 0.5%，然而卻是最珍貴的葡萄酒。世界最昂貴的 50 款葡萄酒中，有 32 款是布根地葡萄酒。

不同風土的夏多內香氣

柑橘、青蘋果、打火石、金合歡

桃子、白花、奶油、木頭

堅果、洋梨、蜂蜜、香草

夏布利
（Chablis）

伯恩丘
（Côte de Beaune）

馬貢
（Mâconnais）

不同年份的黑皮諾香氣

覆盆子、黑醋栗、黑莓

果醬、胡椒、咖啡

皮革、森林地表、松露

四年份酒款　　**八年份酒款**　　**十二年份酒款**

約訥省
YONNE

夏提雍內

歐塞爾
AUXERRE

夏布利

金丘省
CÔTE-D'OR

第戎

夜丘

伯恩丘

涅夫勒省
NIÈVRE

夏隆內丘

索恩－羅亞爾省
SAÔNE-ET-LOIRE

馬貢

第戎
DIJON

夜丘
Côte de Nuits

Marsannay-la-Côte
Fixin
Gevrey-Chambertin
Morey-St-Denis
Chambolle-Musigny
Vougeot
Vosne-Romanée

上夜丘
HAUTES
CÔTES DE NUITS

NUITS-ST-GEORGES

Pernand-Vergelesses
Savigny-lès-Beaune　*Ladoix-Serrigny*
Aloxe-Corton

上伯恩丘
HAUTES
CÔTES DE BEAUNE

Pommard　伯恩
BEAUNE

St-Romain　*Volnay*
Auxey　*Monthélie*
Duresses　*Meursault*
St-Aubin　*Puligny-Montrachet*
Chassagne-Montrachet
Santenay　沙尼
Sampigny-lès-Maranges　CHAGNY

Bouzeron
Rully
Mercurey

索恩河畔夏隆
CHALON-SUR-SAÔNE

伯恩丘
Côte de Beaune

Givry

夏隆內丘
Côte chalonnaise

Montagny-les-Buxy

馬貢內
Mâconnais

Mancey
○ TOURNUS

Bray　*Chardonnay*
Uchizy
Lugny　*Viré*
Péronne
Cluny　*Clessé*
Senozan

Berzé-la-Ville
Bussières　*Hurigny*
Prissé
Serrières　*Vergisson*
Pouilly-Fuissé　馬貢
Chasselas　MÂCON
Loché
St-Vérand　*Vinzelles*

Romanèche-Thorins

Canal du Centre

北

0　3　6 km

Mirabelle de Lorraine

洛林黃香李酒

由於此區種植許多黃香李，這個黃色小水果和洛林區總是連結在一起。黃香李製成的烈酒，散發果實最美好的香氣與風味，是當地美食佳釀的崇高象徵。

洛林黃香李酒首府
梅茲
（Metz）

每年產量（百萬公升）
70

每公升酒精濃度
45 ～ 50%

優質酒款每瓶價格
（750毫升）
30歐元

> 光彩燦爛、擁有眾多美妙優點的黃香李啊，你就是洛林的靈魂。

侯傑・瓦迪耶（Roger Wadier），
《黃香李，洛林奇遇》（*Les mirabelles, une aventure lorraine*）中尚・布朗杰（Jean Boulangé）所言，1997 年出版

起源

黃香李原產於高加索地區，從賢王勒內（roi René）的孫子——洛林的勒內二世（René II de Lorraine）時代起，洛林就是最具代表性的黃香李之地。十九世紀末，法國葡萄園經過根瘤蚜蟲病害的猛烈摧殘後，該地區種植大量黃香李。果樹被引入葡萄園的土地上，使洛林省成為全球黃香李產量最高的地區：全世界每 10 顆黃香李，就有 7 顆來自洛林的土地！以「洛林之后」黃香李製成的烈酒是較晚近的事，意即在禁止以有核水果製作蒸餾酒以保護葡萄酒農免受競爭的敕令終於廢除之後。因此，十八世紀中期，洛林農民才開始手工製造黃香李烈酒，並在很長一段時間中都是家族式生產。洛林區的四個省份皆生產黃香李烈酒，不過桑圖瓦（Saintois）和默茲河（la Meuse）山丘一帶的蒸餾廠最密集。

全 世 界 每10 顆黃香李，就 有7顆來自洛林的土地！

品飲

八月時採收熟透的果實，放入大槽發酵，然後將發酵後的果汁以傳統單壺蒸餾器經過兩次蒸餾。完成後的烈酒，必須經過兩年陳放才能品飲，主要做為大餐後的消化酒。也可以在典型的洛林甜點中加入幾滴，例如黃香李舒芙蕾，甚至可加入巧克力和糖果，例如別處模仿不來的洛林夏東巧克力（Chardons de Lorraine）。

烈酒「洛林黃香李酒」多半裝在白色的笛形瓶中，並有黃香李色的瓶塞。Santé！

重要日期

19世紀 →	1900年 →	20世紀 →	2015年
爆發根瘤蚜蟲病害：洛林葡萄園損失慘重。	黃香李果樹取代葡萄藤。	黃香李烈酒起飛。	「洛林黃香李烈酒」法定產區認證問世。

盧森堡

德國

北

THIONVILLE

BRIEY

BOULAY-
MOSELLE

FORBACH

SARREGUEMINES

VERDUN

梅茲
METZ

*Côtes
de Meuse*

莫澤爾省
Moselle

默茲省
Meuse

默爾特－莫澤爾省
Meurthe-et-Moselle

CHÂTEAU-SALINS

COMMERCY

SARREBOURG

BAR-LE-DUC

TOUL

南錫
NANCY

LUNÉVILLE

桑圖瓦
Saintois

NEUFCHÂTEAU

ST-DIÉ-DES-
VOSGES

弗日省
Vosges

ÉPINAL

法國

「洛林黃香李酒」為
少數受到法定產區保
護的法國烈酒。

0   10   20 km

洛林潘趣
PUNCH LORRAIN

－「洛林黃香李酒」烈酒 250 毫升
－檸檬糖漿 250 毫升
－ Pulco 檸檬汁 250 毫升
－氣泡水 1 公升

在沙拉盆中混合黃香李烈酒、檸檬糖
漿和 Pulco 檸檬汁。冷藏一夜至完
全冰涼。飲用前將冰涼的氣泡水倒入
沙拉盆。以大杓輕輕攪拌均勻。飲用
前，在每個杯中倒入黃香李糖漿，不
加冰塊。

洛林黃香李

採收時，搖晃
果樹，使較熟
的果實掉落

65% 採收的果實會經過加
工（果醬、烈酒等等）

黃香李的尺寸不
可小於 **2.2** 公分

「洛林黃香李」的
季節從八月中到九
月底，僅有六週

主要有兩種黃香李：梅茲黃香李
（**mirabelle de Metz**）和南錫黃香
李（**mirabelle de Nancy**），兩者
皆受「洛林黃香李」產區命名保護

香檳首府
艾貝內
（Épernay）

每年產量（百萬公升）
264

每公升酒精濃度
12%

優質酒款每瓶價格
（750毫升）
25歐元

" 我們戰鬥是為了拯救法
國，更是為了拯救香檳。"

英國首相溫斯頓·邱吉爾

Champagne d'Épernay

艾貝內
香檳

香檳是派對和慶祝的象徵，也是全世界最誘人的泡泡，閃耀不止。
從路易十四到史奴比狗狗（Snoop Dogg）的音樂影片，一路以來，
香檳始終是最閃亮的明星。

起源

葡萄藤引進香檳區，都要歸功於羅馬人。數百年間，該地區的葡萄酒以「法國葡萄酒」之名銷售。一直要到十七世紀才出現「香檳區葡萄酒」一詞：這是巴黎和英國布爾喬亞階級的新寵。香檳**香檳廣受歡**廣受歡迎，必須歸功於**迎，必須歸**一位男人：佩里儂修**功於：佩里**士（Dom Perignon，**儂修士** 1638～1715年）。他既不是酒農，也非鍊金術士，這位修士奠定了葡萄種植，從葡萄藤到壓榨機。混調不同葡萄取得所欲風味的概念先驅正是他。

今日，除了年份香檳，所有香檳都是不同地塊和不同年份的混調。葡萄園由三種品種構成：黑皮諾、皮諾莫尼耶（Pinot Meunier）及夏多內。在掌握「香檳法」以前，葡萄酒中的氣泡是自然形成而且不受控制，動輒數千瓶香檳都可能無預警爆裂。

品飲

笛形杯是最普遍的傳統杯型，不過品飲者一致認同傳統葡萄酒杯是更適合的選擇，能夠集中並享受香檳的香氣。香檳必須冰涼飲用，因此最後一刻才從冰箱取出。在香檳區的人面前，千萬不要**在香檳區的人**傾斜酒杯，很可能**面前，千萬不**會冒犯對方。氣泡**要傾斜酒杯**正是香檳的優美之處，因此就讓泡沫填滿酒杯吧。氣泡會帶著香氣上升，在杯口處散發風味。香檳經常受限於餐前酒的角色，事實上是餐酒搭配的好選擇。不妨讓香檳加入餐桌，用來搭配魚類、烤禽類或某些乳酪吧。

重要日期

4世紀	→	1837年	→	1844年	→	2015年
羅馬人將葡萄藤引進香檳區。		掌握「香檳法」。		發明鐵絲封口：以鐵絲將軟木塞牢牢固定住。		「香檳區葡萄園的山坡、酒莊與酒窖」（Coteaux, maisons et caves de Champagne）註冊為聯合國文化遺產。

北

瑪恩河谷
Vallée
de la Marne

聖提耶利山脈
拉德爾河谷
漢斯
REIMS

漢斯山
Montagne
de Reims

瑪恩河畔夏提雍
CHÂTILLON-
SUR-MARNE

CHÂTEAU-THIERRY

艾貝內
ÉPERNAY

CHÂLONS-
EN-CHAMPAGNE

維特里法蘭索瓦
Vitry-le-François

白丘
Côte
des Blancs

VITRY-LE-FRANÇOIS

西棧丘
Côte de Sézanne

Lac du Der-Chantecoq

Montgueux

特魯瓦
TROYES

巴爾丘
Côte des Bar

Lac
d'Amance

Lac d'Auzon-Temple
Lac d'Orient

BAR-SUR-AUBE

BAR-SUR-SEINE

「白中白」香檳只以夏多
內製成。「黑中白」香檳
則是由黑皮諾和／或皮
諾莫尼耶組成。

0   10   20   30 km

葡萄的顏色

香檳區葡萄園生產的白酒葡萄（夏多內）
和紅酒葡萄（黑皮諾、皮諾莫尼耶）比例

白酒葡萄
45 %

紅酒葡萄
55 %

與一般人想像的相反，大部分的
香檳是以紅酒葡萄釀造。不過，
由於釀造時不含帶著色素的果
皮，因此酒汁保持澄澈黃色。

香檳的一生

香氣的變化也取決於品種的混調。夏多內活潑
奔放，皮諾莫尼耶較圓潤，黑皮諾骨幹結實。

白花、洋梨、
蘋果、桃子

年輕酒款
購買後五年內
色澤淺黃

布里歐修麵包、無花果、扁桃仁、
蜂蜜、甘草

陳年酒款
購買後五至九年
色澤淡金黃

烤麵包、香料蛋糕、
森林地表、可可

賞味巔峰酒款
購買後九年以上
色澤金黃／琥珀色

蘋果酒首府
康布勒梅爾
（Cambremer）

每年產量（百萬公升）
53

每公升酒精濃度
2 ～ 6%

優質酒款每瓶價格
（700毫升）
3.5 歐元

> "
> 吃內臟不配蘋果氣泡酒，
> 就像到了迪耶普（Dieppe）
> 卻沒看見大海。
> "
>
> 1968 年，電影《名畫追蹤》
> （Le Tatoué），尚・蓋賓（Jean
> Gabin）之言

Cidre de Normandie

諾曼地
蘋果氣泡酒

諾曼地人並沒有發明蘋果酒，不過卻將蘋果酒發揚光大。

起源

蘋果氣泡酒（cidre）是古老的酒飲，希伯來人稱之為「shêkar」，意思是葡萄酒之外，以水果發酵製成的酒精飲料。在希臘人和羅馬人的歷史中，蘋果氣泡酒最明確的起源是巴斯克地區西北部的阿斯圖里亞斯（Asturies）和比斯開（Biscaye）。根據歷史，比斯開的水手們飲用蘋果氣泡酒，以對抗缺乏維他命 C 而引起的壞血症，後來將這個祕方傳授給諾曼地的水手。雖然諾曼地已有蘋果果園，不過一直到十一世紀才證實該地區出現蘋果氣泡酒，產地集中在歐日地區（pays d'Auge）、貝桑（Bessin）和康城（Caen）平原，並隨著壓榨機發明問世而數量增加。

比斯開的水手將他們的祕方傳授給諾曼地

中世紀末，諾曼地飲用蘋果氣泡酒的習慣已大規模普及至農村地區，深入農民的生活。在路易十三的統治下，諾曼地的葡萄園消失，釀造氣泡酒的蘋果園取而代之，並指定蘋果氣泡酒釀造產業為該地區的經濟活動之一。

品飲

中世紀時，蘋果氣泡酒的飲用方式和葡萄酒與大麥啤酒（cervoise）很相似，都是每日餐桌上的飲品。今日，人們只在聖燭節（la Chaneleur）或主顯節（l'Épiphanie）之類的傳統節日才飲用。不過，蘋果氣泡酒絕不該局限在可麗餅店，只要精心釀造，它也可以是出色的美味酒飲。我們推薦以蘋果氣泡酒搭配白肉、海鮮料理或是乳酪。Santé！

不過蘋果氣泡酒絕不該局限在可麗餅店

重要日期

1082年	→	15世紀	→	1996年
諾曼地首度紀錄蘋果氣泡酒。		蘋果氣泡酒成為上諾曼地和下諾曼地的共同酒飲。		「Pays d'Auge」和「Cornouailles」的蘋果氣泡酒獲得法定產區。

英吉利海峽

瑟堡
CHERBOURG

迪耶普
DIEPPE

Cidre du
Pays de Caux

Pays de Bray

納夏泰勒
NEUFCHÂTEL

勒阿弗爾
LE HAVRE

盧昂
ROUEN

AOP
Cidre Cotentin

貝桑港
PORT-EN-
BESSIN

亞侯芒什
ARROMANCHES

多維勒
DEAUVILLE

Bessin

康城
CAEN

聖洛
ST-LÔ

康佩麥
CAMBREMER

Lieuvin
Pays de la Risle

Vexin Normand

埃夫勒
ÉVREUX

利雪
LISIEUX

AOP Cidre
Pays d'Auge

Pays d'Ouche

北

Bocage normand

棟夫隆
DOMFRONT

聖米歇爾山
MONT-ST-MICHEL

阿朗松
ALENÇON

法國

AOP
Poiré Domfront

Cidre du Perche

0 20 40 km

法國是全世界最早生產
水果氣泡酒的國家,而
下諾曼地則是法國最早
生產此酒類的大區。

蘋果氣泡酒的生產

法國有超過四百個能夠製作氣泡酒的蘋果品種,可分為三大類:甜蘋果(Pomme Douce)、酸蘋果(Pomme Aigre)與苦甜蘋果(Pomme Douce-Amère)。透過混調這三個種類各自鮮明的個性,就能做出別具特色的蘋果氣泡酒。蘋果依照不同的成熟度,從 9 月 15 日開始分成三個採收期,然後放在穀倉繼續成熟,使其生成部分香氣。秋天結束時,蘋果經過壓碎並研磨,然後放入壓榨機榨汁。萃出的果汁充滿糖分,很快就會發酵。手工製作者將澄清後的發酵果汁換桶去渣,加入天然酵母,在緩慢的發酵過程中,將糖分轉化為酒精。最後一個步驟是將蘋果氣泡酒裝瓶,然後盡快開瓶享用!

不同類型的諾曼地蘋果氣泡酒

甜型
(Cidre Doux)

酒精濃度:低於3%
極清淡、極甜的蘋果氣泡酒,風味接近蘋果汁。

微甜型
(Cidre Demic-Sec)

酒精濃度:3.5～4.5%
略帶甜味和一絲苦味的蘋果氣泡酒,是歐日地區唯一擁有法定產區命名的蘋果氣泡酒。

不甜型
(Cidre Brut)

酒精濃度:4～5%
甜度極低,典型的蘋果氣泡酒,而且非常易飲。

特殊型
(Cidres Spéciaux)

獨一無二的蘋果氣泡酒,通常為創新的釀造概念。

Calvados de Normandie

諾曼地 蘋果白蘭地

蘋果白蘭地是諾曼地果園的產物，浸潤在英吉利海峽的浪花中，俗稱「卡爾瓦」（Calva）或「滴酒」（Goutte）。

蘋果酒首府
利雪
（Lisieux）

每年產量（百萬公升）
2

每公升酒精濃度
40 ～ 45%

優質酒款每瓶價格
（700 毫升）
45 歐元

> 我們的心願？就是大家不再認為蘋果白蘭地是過時的產物。

利雪當地生產者吉翁‧代弗列雪
（Guillaume Desfrièches）

起源

根據歷史，「蘋果白蘭地」（Calvados）一字是拉丁文「calva dorsa」的變形，後者在老航海地圖的意思是貝桑港（Port-en-Bessin）和亞侯芒什（Arromanches）之間斷崖上的山崗。1790 年起，「卡爾瓦多」（Calvados）成為省份的名稱，1884 年更成為這款 **20 至 30 公斤的蘋果才能產出 1 公升蘋果白蘭地** 烈酒的名字。不過，蘋果白蘭地早在被命名為「Calvados」之前，已有至少三百年歷史，也就是「加熱蘋果氣泡酒」（Cidre de Chauffe）。使用的蘋果平均分為三個類型：甜型、酸型和苦型。生產者依照目標成品，分配三個類型的比例。20 至 30 公斤的蘋果才能製造出 15 公斤的蘋果氣泡酒，經過蒸餾後，產出 1 公升蘋果白蘭地。

品飲

蘋果白蘭地尾韻悠長，風味強勁，口感滑順。因此對威士忌愛好者而言是極有趣的世界，可在其中品嘗到某些集中的香氣。

蘋果白蘭地不再是二十世紀時的「卡爾瓦」（Calva，品質粗糙的工人酒飲）。近二十年來，蒸餾廠付出心血，使蘋果白蘭地得以重新定位為高級產品。通常做為開胃酒或消化酒，常溫飲用。**蘋果白蘭地不再是單純的「卡爾瓦」** 時，蘋果白蘭地仍是「餐間酒」（trou-normand）的理想之選：在美食傳統上，於兩道料理之間飲用一杯蘋果白蘭地能夠幫助消化。Santé！

重要日期

1553年 →	1884年 →	1942年
諾曼地出現蒸餾蘋果氣泡酒最早的書寫紀錄。	首次出現「蘋果白蘭地」（calvados）一詞。	成立「Calvados」法定產地認證。

英吉利海峽

納夏泰勒
NEUFCHÂTEL

瑟堡
CHERBOURG

勒阿弗爾
LE HAVRE

盧昂
ROUEN

亞侯芒什
ARROMANCHES

多維勒
DEAUVILLE

貝桑港
PORT-EN-
BESSIN

康城
CAEN

聖洛
ST-LÔ

利雪
LISIEUX

AOC Calvados

AOC Calvados
Pays d'Auge

AOC Calvados
Domfrontais

聖米歐爾山
MONT ST-MICHEL

棟夫隆
DOMFRONT

Partiellement
AOC Calvados

法國

北

0 20 40 60 km

各類型蘋果白蘭地

東弗朗泰
蘋果白蘭地
1%

歐日地區
蘋果白蘭地
24%

蘋果白蘭地
75%

蘋果白蘭地一定是在諾曼地生產。然而，這款烈酒在國外比在法國更受歡迎：超過 50% 的產量出口到國外。

蘋果白蘭地的三個法定產區

蘋果白蘭地（Calvados）：以諾曼地蘋果氣泡酒蒸餾製成。至少陳放兩年。

歐日地區蘋果白蘭地（Calvados du pays d'Auge）：使用壺式蒸餾器製成的烈酒。必須經過兩次蒸餾，以獲得更「精純」的烈酒。必須使用歐日地區的蘋果氣泡酒。至少陳放兩年。

東弗朗泰蘋果白蘭地（Calvados Domfrontais）：使用柱式蒸餾器（連續式蒸餾器）的烈酒。必須含有至少 30% 的東弗朗泰洋梨氣泡酒。至少陳放三年。

不同年份的蘋果白蘭地香氣

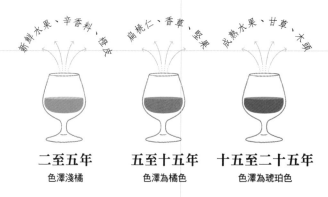

新鮮水果、辛香料、橙皮

扁桃仁、香草、煨果

成熟水果、甘草、木頭

二至五年
色澤淺橘

五至十五年
色澤為橘色

十五至二十五年
色澤為琥珀色

Cognac des Charentes

夏朗特
干邑

擁有歷史成就，全世界爭相享用，干邑在法國烈酒界有如高級訂製服。

干邑首府
干邑
（Cognac）

每年產量（百萬公升）
71

每公升酒精濃度
40%

優質酒款每瓶價格
（700毫升）
60歐元

> 只要你的父親、祖父和曾祖父曾製作干邑，任誰都會製作。

夏朗特俗諺

起源

夏朗特的葡萄園有兩千年歷史，不過一直到十七世紀，該地區才首度生產烈酒。這項創新的貢獻來自當時已精通蒸餾的荷蘭人。兩個世紀後，地理學家亨利·可貢（Henri Coquand）**由混調師負責混調不同年份和產區的烈酒** 依照六種不同土壤所生產的干邑品質將之分類。葡萄果汁來自白酒葡萄，主要是白于尼（Ugni Blanc），然後是含量較少的高倫巴（Colombard）和白福（Folle-Blanche）。葡萄汁發酵後成為類似葡萄酒的液體，經過兩次蒸餾，放入橡木桶培養。只有第二次蒸餾的中段才會用來製作干邑。這個方法可以確保傑出的濃縮度與香氣的細緻度。干邑要獲得「Cognac」的法定產區，必須至少在橡木桶陳放兩年。
干邑一定要在法國夏朗特省中心的干邑市周邊生產。裝瓶前，由混調師負責混調不同年份和產區的烈酒：他就是品牌的調香師和記憶。

品飲

杯口處窄縮的酒杯能帶來更佳的香氣感受。不要過度搖晃酒杯，花點時間品飲，讓佳釀自行展露面貌。世上主要的飲用方式都是加水稀釋、加冰塊或做成調酒。雖然年輕的干邑很適合用於調**98%的干邑年產量外銷出國** 酒，VSOP 和 XO 等級酒款則應該純飲。干邑是足跡遠播的奢侈品，其 98% 的年產量出口至全球超過一百六十個國家。Santé！

重要日期

17世紀 → 1909年 → 1938年

該地區首度生產葡萄酒的烈酒。　　規定生產干邑的範圍。　　成立「Coganc」的法定產區。

拉羅歇爾
LA ROCHELLE

Ile de Ré

普通林區
Bois
Ordinaires

○SURGÈRES

Ile d'Oléron

○ROCHEFORT

○ST-JEAN-D'ANGÉLY

○MARENNES

●MATHA

優質林區
Fins bois

ROUILLAC
○

邊緣林區
Borderies

SAINTES
○

□干邑

安古蘭
ANGOULÊME
○

大 西 洋

○ROYAN

PONS
○

大香檳區
Grande Champagne

○CHÂTEAUNEUF

小香檳區
Petite Champagne

JONZAC
○

良質林區
Bons bois

0   10   20 km

干邑葡萄園的分布

普通林區
1,101 公頃

邊緣林區
3,987 公頃

良質林區
9,308 公頃

大香檳區
13,159 公頃

優質林區
31,001 公頃

小香檳區
15,246 公頃

10 公升葡萄酒只能製成 1 公升干邑。陳放時間可長達七年，因此也就不難理解某些酒款的價格了。

不同類型的干邑

新鮮葡萄、柳橙、香草、扁桃仁

VS (Very Special)
✳✳✳ (3星)

混調干邑須至少陳放兩年

葡萄乾、甘草、李子、丁香

VSOP
(Very Superior Old Pale)

混調干邑須至少陳放四年

糖漬水果、可可、肉桂、胡椒、雪松

XO (Extra Old)
Napoléon, Hors d'âge

混調干邑須至少陳放六年

皮諾酒首府
干邑
（Cognac）

每年產量（百萬公升）
8

每公升酒精濃度
16 ～ 22%

優質酒款每瓶價格
（700毫升）
20 歐元

> 親愛的上帝，請賜我
> 常保健康，
> 經常有愛，
> 皮諾酒永不匱乏！
>
> 夏朗特禱告詞

Pineau des Charentes

夏朗特
皮諾酒

傳說中，皮諾酒除了是夏朗特的葡萄與陽光之結晶，更是巧合的結晶。

起源

曾經有個酒農，一不注意將未發酵葡萄汁和製作干邑的烈酒混在一起。想像數年後，當他發現這款充滿果香與陽光風味的瓊漿玉液的驚喜之情。皮諾酒是蒸餾酒與發酵酒的結合。過了很長一段時間，干邑的弟弟——皮諾酒——才終於獲得「法定產區」認證。此外，這也是第一款於 1945 年獲得法定產區認證的加烈葡萄酒。要獲得法定產區之名，夏朗特皮諾必須在橡木桶中混合約 3/4 的葡萄汁和 1/4 的干邑。兩者皆必須來自同一個葡萄產區。

粉紅皮諾酒款最常使用的葡萄品種是卡本內蘇維濃（Cabernet Sauvignon）、卡本內弗朗（Cabernet Franc）和梅洛（Merlot），白皮諾酒款則使用白于尼、高倫巴、蒙提爾（Montils）和榭密雍（Sémillon）。

品飲

皮諾酒須倒入酒杯並冰涼飲用，但不可加冰塊。一入口便能立刻浮現直爽活潑的感受，接著是葡萄酒的肥潤口感，令這款酒飲美味迷人。皮諾酒主要做為開胃酒，不過也是搭配肥肝、洛克福乳酪、巧克力甜點或反轉蘋果塔的絕**是搭配肥肝、**佳選擇。若在木桶**洛克福乳酪、**培養越久，在口中**巧克力甜點的**的尾韻也越綿長。**絕佳選擇**老年份的皮諾酒款品飲溫度要稍微高一些，接近常溫。Santé ！

重要日期

3 世紀 →	1589 年 →	1921 年 →	1945 年
羅馬人引進葡萄藤。	夏朗特皮諾酒誕生。	第一批販售用夏朗特皮諾酒誕生，在此之前僅可自釀自用。	夏朗特皮諾酒獲得法定產區認證。

北

拉羅歐爾
LA ROCHELLE

Ile de Ré

普通林區
Bois
Ordinaires

SURGÈRES

ST-JEAN-D'ANGÉLY

Ile d'Oléron

ROCHEFORT

MATHA

優質林區
Fins bois

MARENNES

ROUILLAC

邊緣林區
Borderies

SAINTES

干邑

安古蘭
ANGOULÊME

大 西 洋

ROYAN

PONS

CHÂTEAUNEUF

大香檳區
Grande Champagne

小香檳區
Petite Champagne

JONZAC

良質林區
Bons bois

0　10　20 km

不同於干邑，夏朗特皮諾酒仍是法國傳統酒飲：出口量僅占年產量的20%。比利時是最大的國際市場。

不同類型的皮諾酒

黑莓、黑醋栗、櫻桃、肉桂、扁桃仁

紅／粉紅皮諾
（Pineau Rouge et Rosé）
桶陳八個月

黑醋栗、黑莓、酸櫻桃、李子乾

陳年紅／粉紅皮諾
（Pineau Rouge et Rosé Vieux）
桶陳至少五年

黑醋栗、李子乾、甘草、核桃

特級陳年紅／粉紅皮諾
（Pineau Rouge et Rosé Très Vieux）
桶陳至少十年

椴花、金合歡、李子乾、無花果

白皮諾
（Pineau Blanc）
桶陳至少十二個月

李子乾、無花果、櫻桃、糖漬柳橙、蜂蜜

陳年白皮諾
（Pineau Blanc Vieux）
桶陳至少五年

蜂蜜、香草、李子乾、肉桂、核桃

特級陳年白皮諾
（Pineau Blanc Très Vieux）
桶陳至少十年

波爾多葡萄酒首府
波爾多
（Bordeaux）

每年產量（百萬公升）
570

每公升酒精濃度
14%

優質酒款每瓶價格
（700毫升）
20歐元

> "
> 波爾多葡萄酒最棒，這就是醫
> 生開的處方。
> "

古斯塔夫・福樓拜
（Gustav Flaubert，1821～1880年）

Vin de Bordeaux

波爾多葡萄酒

波爾多既是顏色，是城市，更是葡萄園。數世紀以來，波爾多有如世界的紅酒首都之一。

起源

波爾多過去並沒有野生葡萄藤。最早的葡萄植株是凱爾特人種下的，不過直到西元一世紀羅馬人到來，才創造出今日壯觀的葡萄園面貌。歐洲人對波爾多葡萄酒的喜好，在文藝復興時期逐漸提升，這是由於波爾多的港口能夠確保與大多數英國商人的交易往來。1855年

直到西元1世紀羅馬人到來，才創造出今日壯觀的葡萄園面貌

巴黎世界博覽會時，拿破崙三世要求波爾多葡萄酒正式分級，這就是如今家喻戶曉的分級制度（Grands Crus classés）的起源。即使關於這項分級制度公正性的爭議持續到今日，在葡萄酒業界仍具有參考價值。

波爾多地區是最受溫室效應影響的葡萄產區。只要觀察葡萄酒的酒精濃度就可窺知一二：酒精濃度與葡萄的成熟度有關。葡萄酒的酒精濃度從三十年前的9%，逐漸攀升至現在的14%。

品飲

強勁的單寧和雄厚的陳年實力，是波爾多葡萄酒的最大特色。波爾多葡萄酒為混調葡萄酒：釀酒師每年會決定酒款中每個品種的精確分量。這些品種會分別釀造，然後才混調。左岸的葡萄酒（梅多克〔Médoc〕、格拉夫〔Graves〕）主要以卡本內蘇維濃為主，右岸的葡萄酒（利布內〔Libournais〕）則以梅洛為主。

波爾多酒款的年份影響特別重要。必須耐心等候七至十五年，才能享受到最佳的波爾多葡萄酒。年份的優劣會左右葡萄酒的陳年潛力。該地區左岸的格拉夫有不甜型白酒，右岸的索甸（Sauternes）則有甜型葡萄酒。Santé！

重要日期

1152年 →	12世紀 →	1855年 →	2016年
阿基坦的女公爵艾莉諾（Aliénor）嫁給未來的英國國王亨利二世。	波爾多成為英國領地：葡萄園和波爾多港口開始發展。	波爾多葡萄酒的官方分級。	葡萄酒博物館（Cité du Vin）於波爾多開幕。

濱海夏朗特省
Charente-Maritime

北

大
西
洋

古隆特

梅多克
Médoc

Médoc

Saint-Estèphe

Pauillac

波雅克
PAUILLAC

Saint-Julien

Haut-Médoc

Listrac-Médoc

Moulis

Margaux

Haut-Médoc

Lacs
d'Hourtin
et de
Carcans

Lac de
Lacanau

Bassin
d'Arcachon

阿卡雄
ARCACHON

吉隆特河岸聖希爾
ST-CIERS-
SUR-GIRONDE

布萊－布爾
Blayais-Bourgeais

Blaye
Blaye Côtes
de Bordeaux
Côtes de Blaye

布萊伊
BLAYE

Bourg
Côtes de Bourg

布爾
BOURG

聖昂德居布札克
ST-ANDRÉ-
DE-CUBZAC

多爾多涅
Dordogne

Canon-Fronsac

Pomerol

Lalande-de-Pomerol

Lussac-Saint-Émilion

Montagne-Saint-Émilion

Saint-Georges-Saint-Émilion

Puisseguin-Saint-Émilion

Francs Côtes de Bordeaux

Fronsac

Isle

利布恩
LIBOURNE

聖愛美濃
SAINT-ÉMILION

Saint-Émilion

利布內
Libournais

Castillon Côtes
de Bordeaux

CASTILLON-
LA-BATAILLE

大聖弗
SAINTE-FOY-
LA-GRANDE

Sainte-Foy-
Bordeaux

波爾多
BORDEAUX

MÉRIGNAC

PESSAC BÈGLES

Pessac-Léognan

雷奧良
LÉOGNAN

格拉夫
Graves

Graves
Graves
Supérieures

凱昂
CRÉON

Premières Côtes
de Bordeaux

Cadillac
Côtes de Bordeaux
Cadillac

Cérons

Barsac

Sauternes

Loupiac

Côtes de Bordeaux-
Saint-Macaire

隆貢
LANGON

索弗泰爾基恩
SAUVETERRE-
DE-GUYENNE

Entre-
Deux-Mers

兩海之間
Entre-Deux-Mers

Entre-Deux-Mers
Haut-Benauge
Bordeaux Haut-Benauge

Sainte-Croix-du-Mont

索甸內
Sauternais

洛特－加隆省
Lot-et-Garonne

0   5   10 km

波爾多的紅酒

梅多克與格拉夫
（左岸）

黑醋栗、酸櫻桃、薄荷、甘草、

皮革、雪松、李子乾、松露

年輕酒款
二至六年

陳年酒款
七至十五年

礫石土壤
主要品種：卡本內蘇維濃
次要品種：梅洛、卡本內弗朗、小維鐸
（**Petit Verdot**）、馬爾貝克（**Malbec**）

利布內
（右岸）

草莓、黑莓、紫羅蘭、甘草、

皮革、菸草、巧克力、黑櫻桃

年輕酒款
二至六年

陳年酒款
七至十五年

石灰質黏土土壤
主要品種：梅洛
次要品種：卡本內蘇維濃、卡本內弗朗、
小維鐸、馬爾貝克

2016 年，葡萄酒博物館在波爾
多市舉行開幕典禮，是全世界
最大的葡萄酒文化場域。這裡
能認識波爾多葡萄酒與世界各
地釀造葡萄酒國家的歷史，從
智利到澳洲皆不缺席。

雅馬邑首府
埃歐茲
（Eauze）

每年產量（百萬公升）
4.2

每公升酒精濃度
40 ～ 50%

優質酒款每瓶價格
（700毫升）
40歐元

Armagnac de Gascogne

加斯貢
雅馬邑

羅馬的葡萄藤、阿拉伯的蒸餾器，以及凱爾特的木桶：法國最古老的烈酒，在原產地挖掘其歷史的根源。

起源

穆斯林征戰伊比利半島和一部分法國西南方的同時，也引進了蒸餾器。他們使用蒸餾器製造香水和藥品。直到十七世紀，蒸餾酒的地位才從稀有的藥品變成較普遍的飲品。雅馬邑是手工製造的烈酒，僅能少量生產。雖然高貴，卻從來非菁英專屬。使用的白酒葡萄品種包括白福、高倫巴、白于尼和巴可（baco）。如今的生產範圍涵蓋三個省份：傑爾斯（le Gers）、朗德（les Landes）和洛特－加隆（Lot-et-Garonne）。此處為溫帶氣候，西有海洋性氣候、東有地中海氣候的影響。蒸餾會於冬季進行，使用雅馬邑連續蒸餾器。

雅馬邑是手工製造的烈酒，僅能少量生產

品飲

一如干邑，球形杯並非最適合的酒杯：鬱金香杯是更好的選擇。當然啦，並非人人家中都有鬱金香杯，因此可以選擇杯口內收的葡萄酒杯。雅馬邑需要氧氣才能散發香氣。因此不妨先倒入杯中靜置二十分鐘再品飲。杯中的對流比葡萄酒纖細許多，如果動作太粗魯，可能會導致香氣太快流失。第一口一定要少量，讓酒液在味蕾上甦醒，為下一口做準備。年輕的雅馬邑很適合調酒，不過VSOP 和 Hors d'âge 則要純飲，不加冰塊。酒杯見底後可聞香：最高雅的香氣仍縈繞其中。Santé ！

> 老雅馬邑都好過一個
> 瘋癲老頭。

音樂家馬克·希爾曼
（Marc Hillman）

重要日期

718 ～ 973年	12世紀	1310年	1936年
阿拉伯人占領西南方：該地區因此有了蒸餾器。	最早的藥用蒸餾紀錄。	葡萄酒烈酒首度有文字紀錄。	成立「Armagnac」法定產區。

洛特－加隆省

拉瓦達克
LAVARDAC

亞仁
AGEN

朗德省

內哈克
NÉRAC

加隆河

梅贊
MÉZIN

蒙特婁
MONTRÉAL

Armagnac-
Ténarèze

卡佐邦
CAZAUBON

蒙德馬桑
MONT-DE-
MARSAN

馬桑新城
VILLENEUVE-
DE-MARSAN

康德姆
CONDOM

列克杜赫
LECTOURE

Douze

歐茲
EAUZE

Midour

Bas-Armagnac

Baïse

Haut-
Armagnac

諾加羅
NOGARO

維克費藏薩克
VIC-FEZENSAC

阿杜爾河岸艾爾
AIRE-SUR-
ADOUR

艾格蘭
AIGNAN

奧士
AUCH

Adour

大西洋庇里牛斯省

馬西雅克
MARCIAC

米宏德
MIRANDE

上庇里牛斯省

傑爾斯省

北

0   5   10 km

雅馬邑的一生

李子、葡萄、槐花

新酒

無色烈酒
酒精濃度：50～70%

李子、蜂蜜、薰衣草

桶陳酒款

烈酒會開始出現顏色和香氣

洋梨、乾草、菸草

**Armagnac VS／
三星（Trois Étoiles）**

桶陳一至三年

2005 年，年輕法定產區白雅馬邑（Blanche d'Armagnac）誕生。這是未經桶陳的烈酒，果香更濃郁也更清爽。

李子乾、榛果、扁桃仁

Armagnac VSOP

桶陳四年以上

李子乾、糖漬杏桃、肉桂、香草

Armagnac Hors d'âge

桶陳十年以上

松露、皮革、核桃、蠟

**特級陳年雅馬邑
（Très Vieil Armagnac）**

桶陳二十年以上

Chartreuse des Alpes

阿爾卑斯夏特勒茲

在加爾都西會（l'ordre des Charteux）修士的努力下，他們成功克服萬難，保留這款美麗的綠色藥草酒液的配方，流傳數百年直到今日。

夏特勒茲首府
瓦隆
（Voiron）

每年產量（百萬公升）
800,000

每公升酒精濃度
43 ～ 55%

優質酒款每瓶價格
（700毫升）
40歐元

為什麼有這麼多面牆和緊閉的大門？這些修士到底藏了什麼？

夏特勒神父瑪瑟林教士
（Dom Marcellin）

起源

一切起源於 1605 年的巴黎沃維爾隱修院（monstère de Vauvert，位在現今盧森堡公園內）。某位公爵將長生不老藥的配方交託給加爾都西會的修士們，成分幾乎包含當時所有的藥用植物。由於配方繁複，這份手稿被擱置了一段時間乏人問津，直到 1735 年才於位在夏特勒茲（Chartreuse）山中的加爾都西會本院重見天日。在隱修院擔任藥劑師的教友傑洛姆‧莫貝克（Jérôme Maubec）依照配方製作出酒精濃度 71% 的利口酒。這款利口酒隨著時間逐漸調整臻至完美，到了 1903 年，隱修院被迫流放至法國之外，配方卻保留了下來。修士們在西班牙的塔拉戈納（Tarragone）繼續生產長生不老酒，然後移至馬賽，最後回到最初的夏特勒茲。

保密的傳統延續至今

保密的傳統延續下來，因為時至今日，僅有兩位加爾都西會的教友知曉配方，賦予利口酒獨特綠色或黃色的植物和花朵也是保密到家。雖然仍由隱修院負責植物的乾燥和混合，蒸餾廠則位在昂特爾德吉耶（Entre-Deux-Guiers）。這是唯一生產夏特勒茲的地方。

品飲

夏特勒茲並不是單獨一種酒飲，而是一系列以主要配方為中心的利口酒，其中又以最多人飲用的綠色夏特勒茲為指標。這款利口酒的傳統飲用法是「加冰塊」，就像加冰塊的消化酒。黃色夏特勒茲使用相同原料，但是比例不同，帶有花朵、蜂蜜和辛香料的香氣，比起綠色夏特勒茲更為溫和順口。2000 年初期，夏特勒茲在調酒世界找到第二春，成為多款調酒的流行成分。Santé ！

重要日期

1084年	→	1605年	→	1764年	→	19世紀
聖布魯諾（saint Bruno）在夏特勒茲山成立加爾都西會。		加爾都西會的修士收到艾斯特雷公爵（duc d'Estrées）記載長生不老藥配方的神秘手稿。		夏特勒茲成為如今人人熟知的綠色。		夏特勒茲銷售量起飛。

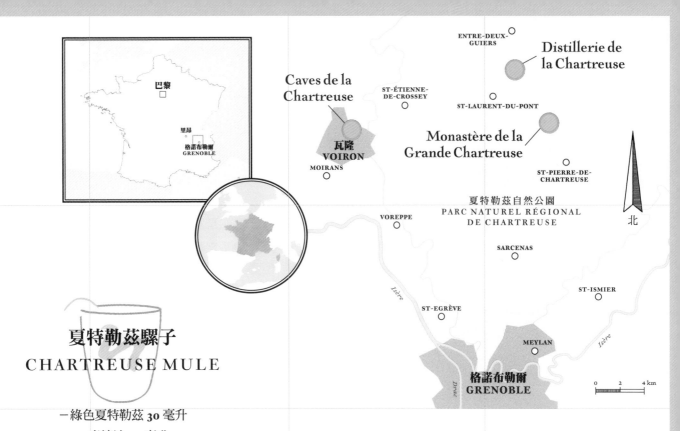

夏特勒茲騾子
CHARTREUSE MULE

－綠色夏特勒茲 30 毫升
－青檸汁 30 毫升
－薑汁汽水 100 毫升（或以通寧水取代）
－冰塊

杯中放入兩顆冰塊。擠出檸檬汁，取 10 毫升倒入杯中。倒入綠色夏特勒茲。加入薑汁汽水。混合均勻，即可享用！

歷史中的夏特勒茲

鐵達尼號遇難當晚，頭等艙餐廳的晚餐菜單就有夏特勒茲。當晚菜單的第十道菜是甜點，夏特勒茲凝凍桃子就是甜點選項之一。

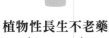

夏特勒茲近乎螢光的獨特綠色，是來自此款利口酒中的一百三十種藥用植物所釋放的葉綠素。

夏特勒茲的等級

綠色夏特勒茲
（Chartreuse Verte）
55 % - 700 毫升
一百三十種植物的原始配方利口酒，經橡木桶和瓶裝陳年

黃色夏特勒茲 V.E.P.
（Chartreuse Jaune V.E.P.）
42% - 1,000 毫升
原始配方黃色夏特勒茲，經超長時間陳年

長生不老利口酒
（Liqueur d'Élixir）
56 % - 100 毫升
依照1605年的原始配方製作的利口酒

綠色夏特勒茲 V.E.P.
（Chartreuse Verte V.E.P.）
54 % - 100 毫升
原始配方夏特勒茲，經超長時間陳年

黃色夏特勒茲
（Chatreuse Jaune）
43 % - 70 毫升
柔和順口的利口酒，帶有花朵、蜂蜜和辛香料香氣

九百年利口酒
（Liqueur du 9e Centenaire）
47 % - 70 毫升
精心混調陳年利口酒，紀念成立於1084年的加爾都西會本院的九百週年

植物性長生不老藥
（Élixir Végétal）
69 % - 10 毫升
在方糖上滴幾滴，加入花草茶或摻水烈酒中飲用

粉紅酒首府
瓦爾省萊薩克
（Les Arcs, Var）

───

每年產量（百萬公升）
130

───

每公升酒精濃度
12.5 ～ 14%

───

優質酒款每瓶價格
（750毫升）
8 歐元

美國人非常愛喝普羅旺斯的粉紅酒。出口的普羅旺斯粉紅酒中，每兩瓶就有一瓶會出現在美國。

Rosé de Provence

普羅旺斯粉紅酒

南法風情……普羅旺斯粉紅酒是最適合夏天的葡萄酒，產自法國最古老的葡萄園，卻能帶來清新酸爽的愉悅。

起源

弗塞人（les Phocéens）帶來普羅旺斯最早的葡萄藤，然後於西元前六百年成立馬薩利亞（Massalia，現今的馬賽），並在城邦周圍生產葡萄酒。因此我們可以推斷，普羅旺斯的葡萄園是全法國最古老的葡萄園。

在現代歷史中，普羅旺斯粉紅酒的成功剛好對應二十世紀南法旅遊的發展，當地的度假人士非常喜愛粉紅酒的清新風味。該地區的葡萄園在經過一段無限

普羅旺斯粉紅葡萄酒的成功對應二十世紀南法旅遊的發展

制的生產後，決定品質要優先於產量，動員共用生產工具。這項合作行動為葡萄園帶來極大益處，因為人們對優質葡萄酒的風土與生產更有興趣。1977 年獲得「Côtes de Provence」法定產區，讓這份付出獲得回報，更使普羅旺斯粉紅酒躍上國際舞臺。普羅旺斯粉紅酒占法國粉紅酒產量的 42%，占全球產量 6%。不僅如此，普羅旺斯的葡萄園約有 89% 都用來生產粉紅酒！

品飲

普羅旺斯粉紅酒千變萬化，而且品質優良。葡萄園之上是乾燥炎熱的氣候，還有密斯特拉強風（le mistral）吹過。葡萄園之下是貧瘠的土壤，不過有灌木叢生的荒地，排水良好。此地的風土非常適合葡萄藤蓬勃生長，為粉紅葡萄酒帶來酸度和清爽風味。粉紅酒常被視為「表現單純」的葡萄酒。然而，如果仔細尋找（同時還要小心別選到「葡萄柚粉紅酒」），就能找到美味富果香、適合夏天的酒款。粉紅酒適合儘早開瓶，多人分享，它也是最自在的葡萄酒！Santé！

重要日期

西元前600年	→	1880年	→	20世紀	→	1977年
弗塞人（古希臘民族）成立馬賽，在當地首度引進葡萄種植。		普羅旺斯葡萄園遭受根瘤蚜蟲病害。		普羅旺斯的酒農組織合作，以生產出優質葡萄酒。		獲得普羅旺斯第一個法定產區「les Coteaux de Provence」。

義大利

上普羅旺斯省

隆河河口省

隆格多克

Côtes de Provence

Coteaux de Pierrevert

Bellet

Les Baux-de-Provence

Durance

Coteaux
d'Aix-en-Provence

Coteaux
Varois

瓦爾省

格拉斯
GRASSE

尼斯
NICE

摩納哥

SALON-DE-
PROVENCE

亞爾
ARLES

普羅旺斯地區艾克斯

坎城
CANNES

ISTRES

Palette

Camargue

Étang
de Berre

Côtes de Provence
Sainte-Victoire

LES ARCS

Côtes de Provence
Fréjus

弗雷瑞斯
FRÉJUS

Côtes de Provence

馬賽

利翁灣

Cassis

PIERREFEU-DU-VAR

杜隆
TOULON

Côtes de Provence
La Londe

北

Bandol

Côtes de Provence
Pierrefeu

Porquerolles

Îles du Levant

地中海

Îles d'Hyères

0   8   16 km

普羅旺斯粉紅酒的香氣

粉紅葡萄柚、檸檬皮、杏桃乾

草莓、桃子、椴花、松樹皮

紅色莓果、糖果、烤麵包

熱帶水果、葡萄柚、百香果

AOC Bandol
品種：仙梭、格那希、
慕維得爾

AOC Coteaux
d'Aix-en-Provence
品種：仙梭、格那希、希哈

AOC Pierrevert
品種：仙梭、格那希、希哈

AOC Baux-
de-Provence
品種：格那希、希哈、
慕維得爾

普羅旺斯粉紅酒的色澤

粉紅酒的色澤主要取決於葡萄汁浸皮時間的長短，
不過也與葡萄品種有關。

密斯特拉風是普羅旺
斯省特有的乾燥強風，
可保護葡萄藤不受潮
濕病害侵襲，能使葡
萄藤乾爽透氣。

哈蜜瓜

桃子

柚子

芒果

橘子

紅醋栗

Pastis de Marseille

馬賽
帕斯提

茴香酒（Anisette）、小黃（Petit Jaune）、帕斯塔加（Pastaga）……，這款極具南法代表性的開胃酒的暱稱可多了，它既征服了全法國，也是夏夜聚會的好夥伴。快攤開你的折疊式躺椅吧！

帕斯提首府
馬賽
（Marseille）

每年產量（百萬公升）
135

每公升酒精濃度
40～45%

優質酒款每瓶價格
（700毫升）
15歐元

啊！在地中海泡過海水後，若是不曾興起來杯帕斯提的念頭，他便根本不懂浸泡在晨間地中海的感受。

瑪格麗特・莒哈絲，《直布羅陀的水手》
（*Le Marin de Gibaltar*）

起源

帕斯提（Pastis）的歷史與艾碧斯苦艾酒密不可分，後者可視為帕斯提的祖先或大姊。苦艾酒是二十世紀初法國南部最普遍的開胃酒，人們會加入冰水在餐前飲用。不過，由於飲用量極高，成為酗酒的象徵，因而引起民眾爭議的浪潮。1914年，由於政府禁止酒精濃**保羅・力加讓一** 度16%以上的所**款名為帕斯提的** 有酒飲，人們便**酒款普及化** 開始尋找類似苦艾酒的飲品。1920年代末，保羅・力加（Paul Ricard）讓一款名為帕斯提（pastis，普羅旺斯方言的意思是「混合」）的酒款普及化。這是以無味酒精浸泡大茴香、甘草及甜茴香和其他地中海植物等巧妙配方所製成的酒飲。帕斯提的大受歡迎有目共睹，征服全法國，成為法國人飲用最多的餐前酒之一。

品飲

帕斯提是法國南部文化與生活方式的象徵，是最適合夏日的開胃酒，令人想**帕斯提是法國南** 起炎熱氣候、**部的文化與生活** 假期、露天座**方式的象徵** ……。在杯中倒入一份帕斯提（20毫升）、五倍的水（100毫升）和冰塊，與橄欖和沙丁魚是天作之合。今日，世上約有十幾個帕斯提品牌，差異在於成分的比例不同。某些手工帕斯提在茴香和甘草之外，會加入眾多香料植物。Santé！

重要日期

1932年 →	1936年 →	1939～45年 →	1951年
茴香開胃酒上首度出現「pastis」一字。	帕斯提在有薪假時期開始普及化。	再度禁止酒精濃度16%以上的酒飲。	帕斯提重生。

LA COPA OSCURA
深杯子

「深」代表了脫掉葡萄酒品牌迷思的盲品精神，
也代表了對於美好事物哲理的無窮探究與堅持。

深杯子深入西班牙小農村莊，追求真實、回歸原始自然的佳釀，百年老藤、栗木桶、火山酒、蛋形水泥槽、陶甕、絕種葡萄、橘酒、自然酒等多樣酒款，貼近葡萄酒真實多變的有趣面貌。秉持「吃的健康是基本人權」，由品油師親自把關引進來自西班牙 Butamarta 山谷的「液體黃金」，Extra Virgin 第一道冷壓初榨橄欖油與衍伸的橄欖油保養品。

就讓我們共同踏上百年家族酒莊與油莊的味蕾尋覓之旅，以代代相傳的有機農法結合古老智慧，品嚐天地人間的風土結晶 (Le goût du terroir)。

專營　西班牙原裝進口橄欖油 / 保養品 / 葡萄酒 / 品油・品酒　專業授課

・門市電話｜02-2823-0234　・營業時間｜12pm-9pm 週一店休
・地址｜台北市北投區石牌路一段39巷69號 (離石牌捷運站 / 唭哩岸捷運站走路約10分鐘)

f 深杯子 La Copa Oscura　　ⓘ lacopaoscura

SIDRA EXTRA AVALON

DOP SIDRA DE ASTURIAS

艾凡隆蘋果酒

5.5% | 330ml | Sparkling

具有純淨、巴薩米克香、木質的綠蘋果味，以其酸度及糖分的平衡著稱，清爽紮實的熟蘋果香氣撲鼻，酸甜潤口，無比幸福！建議搭配的餐食有台式滷味、炸物等台菜。

Trabanco塔幫客蘋果酒莊園─西班牙最具代表性的知名酒廠，也是第一個擁有專業釀酒師進駐、獲得法定產區認證的酒廠。讓我們一起進入西班牙西北人的蘋果酒世界，用口感感受當地傳承數百年的工藝！

比起原則　我更喜歡人
這世上我最愛的就是沒有原則的人
─ 奧斯卡·王爾德 Oscar Wilde ─

LA COPA OSCURA

地中海周邊的帕斯提近親

蓬塔利耶
Pontarlier

帕斯提
Pastis

杉布哈
Sambuca

乳香酒
Mastika

黑海

拉克酒
Raki

猴子茴香酒
Anis del mono

烏佐酒
Otzo

拉克酒
Raki

拉克酒
Raki

水晶茴香酒
Anisette cristal

地中海

亞力酒
Arak

亞力酒
Arak

亞力酒
Arak

0　250　300 km

北

增添帕斯提香氣的五種方法

鸚鵡
perroquet

帕斯提 4○ 毫升
+ 薄荷糖漿 1○ 毫升

摩雷斯柯
mauresque

4○ 毫升帕斯提
+ 杏仁橙花糖漿（orgeat）1○ 毫升

番茄
tomate

帕斯提 4○ 毫升
+ 石榴糖漿 1○ 毫升

陽光
soleil

帕斯提 4○ 毫升
+ 檸檬糖漿 1○ 毫升

枯葉
feuille morte

帕斯提 4○ 毫升
+ 石榴糖漿 5 毫升
+ 薄荷糖漿 5 毫升

帕斯提是全球銷售量最高的茴香酒飲。在法國占烈酒市場的一半。

Ricard
43%

通路自有品牌
37%

其他品牌
5%

Duval
5%

Pernod
10%

帕斯提的競爭：Pernod和Ricard

Pernod 在苦艾酒被禁止以前，曾在市場上稱霸。保羅・力加和他的「帕斯提」大受歡迎後，**Pernod** 品牌煞費苦心，試圖在茴香酒的新潮流找回領頭羊的地位。1938 年推出「**Pernod 45**」（名稱來自酒精濃度 45%），接著是「**Pastis 51**」（名稱來自發行年份 1951 年），重新在市場上占有一席之地。兩大品牌的商業戰先是聯手，然後於 1975 年合併，成立保樂力加（**Pernod Ricard**）集團，一般稱為「帕斯提帝國」（**l'Empire du Pastis**），在茴香酒市場幾乎占壓倒性優勢。

隆河首府
亞維儂
（Avignon）

每年產量（百萬公升）
300

每公升酒精濃度
12.5 ～ 14%

優質酒款每瓶價格
（750毫升）
15 歐元

> 在盛名遠播的隆河谷地中，
> 每一處具紀念價值的地方，
> 都有一段精采的歷史。

作家皮耶·利傑（Pierre Ligier）

Vin du Rhône

隆河葡萄酒

隆河有如法國南北的連結，一條豐富多元的葡萄酒之路，一路注入地中海。

起源

隆河谷地是中央山脈和阿爾卑斯山之間的天然界線，自古代以來就是得天獨厚的交通與戰略樞紐，一如地中海與較北邊的歐洲大門。很快地，羅馬人在建立普羅旺斯的葡萄園後開始北進，於是葡萄藤進駐隆河谷地的山坡。葡萄園從維恩一路延伸至亞爾，總長超過 250 公里，一般分為兩大區域：北隆河和南隆河。前者是坐落在陡峭山坡上的小地塊集合，擁有法國頂尖的法定產區，如艾米達吉（Hermitage）、恭得里奧（Condrieu）或羅第丘（Côte-Rôtie）。此區主要種植釀造白酒的維歐尼耶（Viognier），以及釀造紅酒的希哈。過了蒙特利馬就是南法與乾燥多風的地中海氣候。葡萄品種和風土更多元，從卡瑪格（Camargue）到呂貝宏（Luberon），而胡姍（Roussanne）、格那希、馬姍（Marsanne）、慕維得

爾、卡利濃（carignan）等品種都能在此區見到。別忘了還有迪瓦的葡萄園，生產「Clarette de Die」法定產區氣泡酒！

品飲

北隆河的葡萄酒強勁，色澤濃郁但單寧細緻，酒體還算厚實。白酒甜美油潤，極具陳年潛力，Château-Grillet 酒莊酒款就是一例。南隆河的葡萄酒種類極多元，無法一言以蔽之。此處以教皇新堡（Châteauneuf-du-Pape）和其強勁圓潤又複雜的紅酒（允許使用十三個品種）為例。或是 Tavel 產區擁有鮭魚粉色的粉紅酒，帶有獨特的濃郁香氣。
總而言之，隆河葡萄酒的不同之處在於擁有出色的陳年潛力與豐盈富果香，而且最重要的是非常多元。Santé ！

重要日期

1世紀	14世紀	1680年	1933年
隆河谷地出現葡萄種植。	在教會和移居亞維儂的教皇影響下，葡萄園大幅增加。	南法運河完成，使南法葡萄酒得以輸出至巴黎。	「Châteauneuf-du-Pape」（教皇新堡）是法國最早獲得法定產區認證的葡萄酒之一。

維恩
VIENNE

Côte-Rôtie
Château-Grillet
Condrieu

Saint-Joseph

Côtes du Rhône

1446 年，由於害怕巴黎喜歡
上南法葡萄酒，進而動搖布
根地葡萄酒的寶座，布根地
公爵下令禁止隆河葡萄酒進
入自己的領地。簡直可謂是
最早的葡萄酒遊說團體！

Hermitage
Crozes-Hermitage
Isère

Cornas
Saint-Péray

瓦朗斯
VALENCE

迪瓦
Diois

北隆河
Rhône
septentrional

Côtes du Rhône

CREST ○

Clairette de Die
Coteaux de Die

Châtillon
en Diois

北

蒙特利馬
MONTÉLIMAR

Grignan-les-Adhémar

Côtes du Vivarais

Grignan-
les-Adhémar

Côtes
du Rhône
Village

Côtes
du Rhône
Village

Aigue

Ouvèze

Vinsobres
Cairanne
Rasteau

奧朗日
ORANGE ○

Gigondas
Vacqueyras
Beaumes de Venise

Côtes
du Rhône
Village

Côtes du Rhône

Châteauneuf-
du-Pape
Lirac
Tavel

CARPENTRAS

Duché d'Uzès

Côtes du Rhône
Village

Ventoux

亞維儂
AVIGNON

尼姆
NÎMES ○

Clairette
de Bellegarde

Costières-
de-Nîmes

亞爾
ARLES

CAVAILLON ○

Luberon

Durance

南隆河
Rhône méridional

地中海

0 10 20 km

隆河地區的五個法定產區

黑醋栗、紫羅蘭、
胡椒、皮革

羅第丘
（Côte-Rôtie）

北隆河

品種：希哈

白桃、金合歡、
芒果、杏桃

恭得里奧
（Condrieu）

北隆河

品種：維歐尼耶

黑醋栗、月桂、
李子乾、松露

教皇新堡
（Châteauneuf-du-Pape）

南隆河

品種：格那希、慕維得爾、
希哈、仙梭
（與九種法定允許品種）

草莓、覆盆子、
扁桃仁、甘草

Rosé de Tavel
南隆河

品種：格那希、慕維得
爾、希哈、仙梭

金合歡、橙花、
桃子、杏桃

Clairette de Die
南隆河

品種：蜜思嘉（Muscat）、
克雷耶特（Clairette）

米尼奧綠酒

利奧哈葡萄酒

斗羅波特酒

猴子茴香酒

安達盧西亞雪莉酒

伊比利半島

伊比利半島以葡萄酒為主，半島上的兩個國家各地都可見葡萄樹，並以各式各樣的模樣表現。西班牙擁有世界面積最大的葡萄園，葡萄牙的葡萄園面積則全球排名第十一。伊比利半島是商業活動的必經之地，或是偉大探險家的起點，將此地的佳釀送往世界各地，而葡萄植栽則隨著殖民者的足跡四處落腳。

利奧哈首府
洛格羅尼奧
（Logroño）

每年產量（百萬公升）
29

每公升酒精濃度
13 ～ 14.5%

優質酒款每瓶價格
（750毫升）
10歐元

> 「田帕尼優最適合做為我們葡萄酒的肌肉。」
>
> 利奧哈酒窖技術指導瑪麗亞‧瓦爾加斯（Maria Vargas）

Vin de la Rioja

利奧哈葡萄酒

利奧哈的紅酒以強勁個性和複雜度聞名西班牙，葡萄園沿著厄波羅河（l'Èbre），橫跨海洋氣候和地中海氣候。

起源

利奧哈（Rioja）的葡萄園是西班牙最具代表性也最高級的葡萄園之一，主要坐落在同名的省份。葡萄酒的生產可回溯至十二世紀摩爾人撤離西班牙北部之後。品質的發展正逢波爾多地區的根瘤蚜蟲病害，因此部分波爾多酒農移居南部。因此，利奧哈採用波爾多的釀造方式，例如混調或在橡木桶中培養。田帕尼優（Tempranillo）是本地品種，**利奧哈採用波爾多的釀造方式** 稱霸利奧哈，占該產區葡萄園的 70%。田帕尼優與格拉西亞諾（Graciano）或格那希混調時，就變成利奧哈葡萄園的典型紅酒，骨幹紮實，單寧強勁，帶有紅色水果香氣。葡萄園分為三大產區：阿拉維薩利奧哈（Rioja Alavesa）和上利奧哈（Rioja Alta）位在海洋型氣候的西邊，而下利奧哈（Rioja Baja）則享有地中海氣候的優點。此處的地形複雜，平原和高地交錯。平原的葡萄通常用來生產適合年輕飲用的簡單葡萄酒，位於高海拔處的葡萄園則用來釀造複雜且適合陳放的葡萄酒。

品飲

典型的利奧哈紅酒強勁飽滿，骨幹紮實，色澤呈紅寶石色，帶有鮮明的黑櫻桃香氣。「Reserva」等級的利奧哈葡萄酒必須在橡木桶陳放三年，帶有菸草和皮革香氣。適合搭配白肉或紅肉的燉肉料理、肥肝醬。¡Salud!

重要日期

12 世紀	→	1900 年	→	1970 年	→	1991 年
利奧哈開始生產葡萄酒。		隨著波爾多酒農入駐，葡萄園轉為品質優先。		葡萄園的品質危機。		葡萄園重新種植，並取得法定產區（DOC）認證。

利奧哈葡萄酒的香氣

糖漬紅色水果、
李子乾、皮革

100％田帕尼優

成熟黑櫻桃、青草、
紅色水果、肉桂

**田帕尼優－
黑格那希－
格拉西亞諾**

新鮮水果、花香調、
辛香料、甘草

**格拉西亞諾－
格那希**

花香調、餅乾、
黃色水果

100％維歐拉
（Viura）

白花、礦物味、
青草、烤麵包

100％白格那希
（Grenache Blanc）

利奧哈與加泰隆尼亞的
普里奧拉（Priorat）是
西班牙唯二擁有法定產
區的葡萄產區。

綠酒首府
布拉加
（Braga）

每年產量（百萬公升）
65

每公升酒精濃度
8.5 ～ 14%

優質酒款每瓶價格
（750毫升）
10 歐元

> 綠酒是最獨特的葡萄酒。
> 既奇怪獨特又清新富營
> 養。而且喝不醉。

化學教授安東尼歐‧奧古斯多
‧阿吉亞爾
（António Augusto de Aguiar）

Vinho verde du Minho

米尼奧綠酒

綠酒是清爽富表現力的年輕葡萄酒：對於這塊葡萄藤與樹木共同生長，且沿著大西洋岸碧草如茵的土地而言，是再適合不過的形容。

起源

綠酒（Vinho Verde）產自葡萄牙最北邊區域，此地位於米尼奧河（Minho）和斗羅河（Douro）之間。綠酒是一種獨特的葡萄酒，名稱來自早摘和年輕酒齡，與成熟葡萄酒相反。米尼奧產區的特色是崎嶇的地形、溫差不大的海洋性氣候，不過沉積土壤富含花崗岩質，非常適合生產清爽富表現力的年輕白酒。傳統上，只要有空地就會種植葡萄藤，並架高以保留空間種植其他作物。因此，在小徑和田地旁都會見到葡萄藤，採收是傳統方式，使用梯子才能摘到距離地面 2 至 3 公尺高的果串。今日，葡萄園已重整並機械化，劃分為九個子產區，從品質最佳的蒙桑（Monçao），到斗羅河谷入口處的拜昂（Baião），皆清楚註明在酒標上。這些葡萄酒使用許多葡萄品種，其中絕大多數是當地品種。其中最普遍的白酒葡萄品種是阿爾巴利諾（Alvarinho）、阿琳多（Arinto）和洛雷羅（Loureiro）。

品飲

雖然綠酒也可以是紅酒或粉紅酒，不過占 90% 產量的白酒才是讓綠酒盛名遠播的酒款。此酒款輕盈鮮爽，入口即可感受到清爽度，天然酸度非常鮮明，帶**此酒款輕盈鮮**有溫和的花香與果**爽，入口即可**香。綠酒還有另一**感受到清爽度**個特色，即葡萄本身與釀造過程中保留的二氧化碳，形成微微的氣泡口感。此酒款的酒精濃度低，因此在夏季特別受歡迎，適合在餐前冰涼飲用，或是搭配海鮮和炸物。綠酒必須在裝瓶後的隔年儘早開瓶飲用。
Saúde！

重要日期

1549 年	→	1929 年	→	1984 年
首度使用「Vinho Verde」一名。		劃分出九個綠酒子產區。		獲得法定產區（DOC）認證。

蒙桑
Monção

PAREDES DE COURA

利馬
Lima

PONTE DE LIMA

VIANA DO CASTELO

西班牙

北

阿維
Ave

卡瓦多
Cávado

BRAGA

RIBEIRA DE PEINA

巴斯托
Basto

GUIMARÃES

VILA DO CONDE

綠酒產區擁有超過
6,000 名酒農。

大西洋

索薩
Sousa

阿瑪蘭蒂
Amarente

BAIÃO

斗羅河

PORTO

拜昂
Baião

派瓦
Paiva

0　5　10 km

綠酒的香氣

檸檬水、白肉洋香瓜、
鵝莓、青檸花

白綠酒
（Vihno Verde Blanc）

混調綠酒的主要品種

Arinto
帶多汁甜瓜與
柑橘香氣

Azal
酸度高，帶檸
檬水風味

Avesso
具葡萄柚和桃子香
氣，略帶一絲青澀
苦扁桃仁氣息

Loubeiro
香氣接近麗絲玲品種

Alvarinho
帶葡萄柚和花香

Trajadura
帶洋梨與柑橘花香

N° 35
加烈酒

Porto du Douro

斗羅
波特酒

斗羅河有如跨越葡萄牙北部的血管，波特酒已在其中流淌了數百年。

波特酒首府
加亞新城
（Vila Nova de Gaia）

每年產量（百萬公升）
61

每公升酒精濃度
20%

優質酒款每瓶價格
（1毫升）
30歐元

"
波特酒？那是包著糖衣的火焰。
"

侍酒師法布利斯・索米耶
（Fabrice Sommier）

起源

波特酒屬於加烈酒家族。在葡萄汁發酵時，加入以葡萄酒蒸餾製成、酒精濃度77%的烈酒（白蘭地），終止發酵過程，保留尚未轉化為酒精的糖分，並賦予葡萄酒陳年潛力。這項手法的發明，要歸功於對美食挑剔又愛旅行的英國人。在海上貿易時代，此手法可讓木桶中的酒在運往倫敦的旅途不會酸化成為醋。
產區和斗羅河谷相呼應，葡萄園沿著斗羅河延伸，坐落在陡峭的山坡地上，因此採收和照顧農地都難以機械化。每年，斗羅河波特酒協會（Instituto dos Vinho do Douro e do Porte，IVDP）會限定當年的波特酒總產量。這份數字是依照當前銷量和庫存所訂定。銷量越高，生產者便可容許更多產量，反之亦然。這項系統既可維持生產，又能同時控制品質。

品飲

波特酒有兩大家族：氧化型是以木桶陳年，濃縮型則是在瓶中陳年。氧化波特酒必須在開瓶後二十四小時內飲用完畢，濃縮波特酒在開瓶後還有一個月的壽命。波特酒的品飲溫度不可過低，略為冰冷（攝氏12度）即可。波特酒有四大類型，依照年份和陳年時間還有

茶色波特是最耐人尋味的波特酒 無數變化。茶色波特（Tawny）是最耐人尋味的類型，香氣表現寬廣迷人，最適合搭配藍紋乳酪（洛克福、奧維涅藍乳酪等等）。Saúde！

重要日期

1386年 → **1756年** → **1950年**

英國和葡萄牙簽署貿易合約。	波特酒是全球第一個受法定產區保護的葡萄酒。	地塊品質分級：每個地塊會依照土壤、氣候和種植條件得到評分。

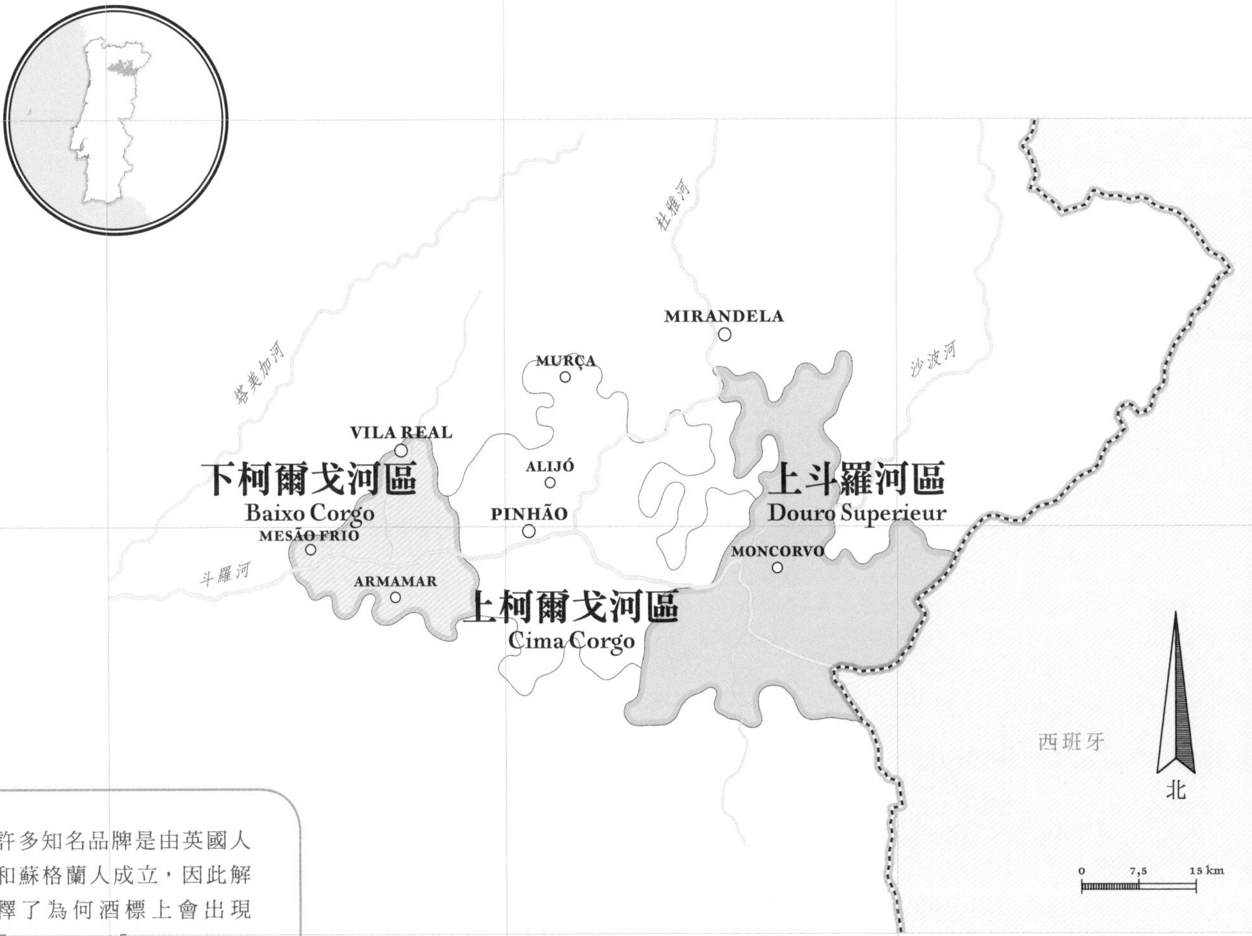

杜羅河

沙波河

薩美加河

MIRANDELA

MURÇA

VILA REAL

ALIJÓ

下柯爾戈河區
Baixo Corgo

MESÃO FRIO

PINHÃO

上斗羅河區
Douro Superieur

斗羅河

ARMAMAR

上柯爾戈河區
Cima Corgo

MONCORVO

西班牙

北

許多知名品牌是由英國人和蘇格蘭人成立，因此解釋了為何酒標上會出現「Taylor's」、「Graham's」、「Cockburn」等名稱。

0   7,5   15 km

波特酒的四種類型

核桃、咖啡、烤麵包

茶色波特
（Tawny）
混調紅酒葡萄
桶陳五年
色澤為深橘紅色

黑莓、李子、胡椒

紅寶石波特
（Ruby）
混調紅酒葡萄
瓶陳兩年
色澤為深紅色

草莓、紫羅蘭、焦糖

粉紅波特
（Rosé）
混調紅酒葡萄
未經陳年
色澤桃紅

扁桃仁、蜂蜜、香料蛋糕

白波特
（Blanc）
混調白酒葡萄
木桶陳年
色澤為淺橘色

Xérès d'Andalousie

安達盧西亞雪莉酒

安達盧西亞每年有三百天是晴天，此地葡萄園因此富含糖分、適合釀酒。

雪莉酒首府
赫雷茲
（Jerez de la Frontera）

每年產量（百萬公升）
15

每公升酒精濃度
15 ～ 21%

優質酒款每瓶價格
（750毫升）
30歐元

> 如果我有一千個兒子，我要教導他們的第一道原則，就是拋開毫無勁道的酒飲，沉醉在雪莉酒中。
>
> 英國劇作家莎士比亞
> （Shakespeare，1564 ～ 1616 年）

起源

這是一則用烈酒加烈白酒的故事。雪莉酒在法國叫做「Xérès」，在西班牙叫做「Jerez」，在英國則叫「Sherry」。這些名稱訴說著雪莉酒跨越的漫長路途，以及在國際間的廣受喜愛。雪莉酒的獨特之處在於陳年的方式。這是一種「氧化培養葡萄酒」：刻意讓空氣進入木桶，令氧化作用在酒液表面形成一層酵母膜。這層酵母薄膜叫做「酒花」**雪莉酒的獨特**（flor），能讓葡萄**之處在於陳年**酒的氧化速度變得**的方式**極慢，生成獨一無二的榛果風味。葡萄酒和氧氣，是一段好長好長的愛情故事……，當然也可能是麻煩事！一如所有事物，一切都和比例有關。酒農必須小心翼翼地掌握葡萄酒的氧化，才能得到理想的成品。葡萄可來自整個安達盧西亞，不過培養過程一定要在赫雷茲、聖盧卡—德巴拉梅達

（Sanlúcar de Barrameda）與聖瑪麗亞港（Puerto de Santa Maria）三個城市之間形成的三角地帶進行。

品飲

雪莉酒可以分為兩大家族：自然培養的「Fino」和氧化培養的「Oloroso」。接著，依照不同生產地區和培養時間，雪莉酒又衍生出多個法定產區。Fino 雪莉酒的風味最緊縮不甜，Oloroso 雪莉酒則較豐盈甜美。Fino 雪莉酒非常適合搭配魚類或做為餐前酒；而 Oloroso 雪莉酒適合風味較強烈的料理，如搭配醬汁的肉類或藍紋乳酪。Salude ！

重要日期

西元前1100年 →	15世紀 →	1933年
腓尼基人在安達盧西亞發展葡萄種植。	第一批雪莉酒出口至英國。	獲得「Xérès」法定產區認證，為西班牙最早獲得此認證的產區之一。

北

瓜達奎維爾河

LEBRIJA

TREBUJENA

赫雷斯
Jerez

聖盧卡-德巴拉梅達
SANLUCAR DE
BARRAMEDA

赫雷斯-德拉弗隆特拉
JEREZ DE
LA FRONTERA

雪莉金三角
Triangle d'or
du xérès

瓜達雷提河

卡迪斯灣

聖瑪麗亞港
PUERTO DE
SANTA MARIA

卡迪斯
CADIZ

PUERTO REAL

大 西 洋

CHICLANA DE
LA FRONTERA

0   3   6 km

雪莉酒的兩大家族

布里歐修麵包、扁桃仁、
剛割下的青草仁

烤麵包、菸草、
榛果

Fino

品種：100％帕羅米諾菲諾
（palomino fino）
酒花充分：自然培養
酒精濃度：15～17％
適飲溫度：攝氏 7～9 度

Oloroso

品種：100％帕羅米諾菲諾
酒花充分：氧化培養
酒精濃度：17～22％
適飲溫度：攝氏13～15 度

Anís del Mono

猴子茴香酒

法國有帕斯提，西班牙有猴子茴香酒，這款利口酒風靡整個西班牙，甚至紅到拉丁美洲。

猴子茴香酒首府
巴達洛納
（Badalona）

每年產量（百萬公升）

5

每公升酒精濃度
35 ～ 40%

優質酒款每瓶價格
（700毫升）
10 歐元

> 我的產品品質一定極佳。
> 不僅散發香氣，我的茴香酒更令人口齒留香。

猴子茴香酒廠創辦人文森·波什
（Vincent Bosch）

起源

十九世紀是蒸餾廠如雨後春筍般興起的時期，我們隨口就能說出無數利用這一波對酒飲的著迷，而投入製酒產業的創業家。文森·波什（Vincent Bosch）和兄弟約瑟夫（Joseph）於 1870 年在加泰隆尼亞的巴達洛納成立蒸餾廠，後來生產西班牙最著名的茴香利口酒。猴子利口酒（Anis del Mono）的名氣與壓倒性的市占率，很大一部分要歸功於文森的行銷天分，他在廣告方面大膽創新，推出前所未見的手法，舉辦海報設計比賽，而圖畫中的瓶身包括發想自凡登廣場香水瓶的水晶浮雕裝飾。

猴子茴香酒的成功有很大一部分要歸功於文森的行銷天分

關於「猴子茴香酒」這有些奇特名字，至少有一個解釋：文森·波什是想法先進的商人，刻意強調當時極具爭議性的達爾文物種演化論，在插圖上畫了一隻的猴子，臉部是諷刺風格的科學家。猴子手中拿著一張紙，上面寫著「這是最棒的。科學如此證明，而且我沒說謊。」

品飲

猴子茴香酒的原料主要使用大茴香（*Pimpinilla anisum*），不過也有八角茴香和甜茴香。透過蒸餾茴香籽取得茴香精華，做為基礎成分，再加上蔗糖、軟水和無味酒精。混合後輕輕搖晃、過濾，然後裝瓶。這款利口酒有兩個版本：「Secco」和「Dulce」，前者酒精濃度40%，後者酒精濃度 35%，兩者使用的蒸餾原料比例不同。前者清爽不甜，後者較甜富香氣。

猴子茴香酒是絕佳的消化利口酒，不過傳統飲用法是「冰水加茴香利口酒」（palomita）。Salut！

重要日期

1870年 → **1975年** → **2012年**

波什兄弟在巴達洛納創立猴子茴香酒工廠。

由 Osborne 集團收購。

巴達洛納海邊立了一座猴子手拿酒瓶的雕像，紀念猴子茴香酒。

法國

阿拉貢

塔拉哥納

吉隆納
GÉRONE

MANRESA

LÉRIDA

LLORET DE MAR

加泰隆尼亞

SABADELL

巴達洛納

巴塞隆那

地中海

TARRAGONE

巴利亞利海

0　20　40 km

北

猴子茴香酒日出
ANÍS DEL MONO SUNRISE

－猴子茴香酒「Dulce」50 毫升
－現榨柳橙汁 200 毫升
－石榴糖漿少許
－橙花水少許
－冰塊

冰塊放入高球杯。倒入猴子茴香酒「Dulce」。加入柳橙汁。淋上少許石榴糖漿。灑少許橙花水。以薄切的蘋果片裝飾。

畢卡索（Picasso）是這款西班牙茴香利口酒的超級愛好者，1909 年和 1916 年分別兩度在畫中呈現其酒瓶。薩爾瓦多·達利（Salvodor Dalí）和胡安·格里斯（Juan Gris）皆曾由這款帶有香水瓶風格的酒瓶獲得靈感。

大茴香

屬於繖形科（*Apiaceae*）

超過四千年之前，埃及已有最早種植大茴香的跡象

茴香葉或以茴香精油泡製的花草茶可舒緩疼痛和經痛

大茴香在地中海盆地極常見

古希臘學者已知大茴香具療效

除了莖部和根部，大茴香全株皆可入菜

95

義大利

義大利位於地中海中，擁有豐富的風土和多元文化帶來的影響。古代羅馬人在歐洲各地種下葡萄藤，想必是因為義大利處處可見的葡萄能勾起他們的思鄉之情。從托斯卡尼的葡萄，到拿坡里港灣的檸檬，水果製酒在義大利美食世界如同占有主角般的地位。

義大利渣釀白蘭地

薩隆諾扁桃仁利口酒

杜林香艾酒

米蘭金巴利

弗留利和威尼托普羅賽克氣泡酒

皮蒙葡萄酒

托斯卡尼葡萄酒

義大利苦酒

義大利杉布哈茴香酒

坎帕尼亞檸檬甜酒

托斯卡尼葡萄酒首府
佛羅倫斯
（Florence）

每年產量（百萬公升）
160

每公升酒精濃度
14%

優質酒款每瓶價格
（750毫升）
30歐元

> 什麼樣的人聽到『托斯卡尼』一名就會心跳加速！彷彿此地名連音節都充滿驕傲又溫柔的聲抑揚頓挫？
>
> 法國小說家馬塞・布里昂
> （Marcel Brion）

Vin de Toscane

托斯卡尼葡萄酒

在風景如畫的鄉村與橄欖園間，酒農們耕耘著豐富多樣的風土。

起源

中世紀時，佛羅倫斯附近的村莊加伊奧萊（Gaiole）、卡斯特利納（Castellina）和拉達（Radda），為了限制產量與隨之而來的競爭，決定組成「奇揚替聯盟」（league de Chianti）：這就是葡萄釀酒工會的前身。1970年代，酒農**「超級托斯卡尼」遭受危機。一小群酒農決定種植**卡本內蘇維濃和梅洛等波爾多品種。他們無法掛上以山吉歐維樹（Sangiovese）為主的品種才能擁有的「奇揚替」法定產區，然而他們的葡萄酒品質無可挑剔。這些葡萄酒被英語媒體暱稱為「超級托斯卡尼」（Super Toscan），展現了葡萄釀酒多元化的復甦。

展現了葡萄釀酒多元化的復甦

品飲

歡迎來到山吉歐維樹的地盤，其名稱來自「朱比特之血」（sanguis Jovis）。此品種風格強勁，種植在海拔300～600公尺處，風味會變得細緻；低於此高度，有可能過熱，酒精濃度因而過高。

托斯卡尼之於義大利葡萄酒，一如波爾多之於法國葡萄酒，是傳統的大區，負責全國極大部分的產量。雖然托斯卡尼葡萄酒聞名全球，有時卻不能盡信其名氣，既有令人難忘的葡萄酒，也有平庸無奇的酒款。而且切勿混淆了「奇揚替」（chianti）和「經典奇揚替」（chianti classico）：前者常為大量生產，後者則品質較高且風味集中許多。近年來，「蒙塔奇諾布雷諾」（Brunello di Montalcino）也成為最炙手可熱的托斯卡尼葡萄酒。Salute！

重要日期

西元前800年	西元前400年	1716年	1970年
位於托斯卡尼的伊特拉斯坎人（les Étrusques）開始種植葡萄。	羅馬人占領托斯卡尼。	奇揚替是全球第一個獲頒範圍限定的葡萄產區。	酒農引進法國葡萄品種：超級托斯卡尼於焉誕生。

利古里亞大區

艾米利亞－羅馬涅大區

Colli di Luni

馬薩－卡拉拉省
Massa-Carrara

*Candia
dei Colli Apuani*

盧卡省
Lucca

奇揚替
Chianti

*Colline
Lucchesi*

Montalbano Chianti

*Chianti
Rufina*

盧卡
LUCCA

Carmignano

Pomino

比薩
PISE

佛羅倫斯
FLORENCE

*Chianti
Colli Fiorentini*

利古里亞海

*Chianti
Montespertoli*

*Chianti
Colli Aretini*

LIVOURNE

*Chianti Colline
Pisane*

*Chianti
Classico*

阿雷佐
AREZZO

Arno

*Vernaccia
di San Gimignano*

Montescudaio

利弗諾
Livourne

*Terratico
di Bibbona*

Chianti

錫耶納
SIENNE

Cortana

Bolgheri

*Chianti Colli
Senesi*

*Vino Nobile
di Montepulciano*

Suvereto

溫布里亞大區

Val di Cornia

*Monteregio
di Massa Marittima*

*Brunello
di Montalcino*

Capraia

Montecucco

格羅塞托
Grosseto

皮翁比諾
PIOMBINO

*Elba /
Elba Aleatico
Passito*

格羅塞托
GROSSETO

Elba

*Morellino
di Scansano*

Pianosa

Sovana

Parrina

托斯卡尼群島

Capalbio

拉吉歐大區

*Ansonica Costa
dell'Argentario*

Montecristo

Giglio

斜體：法定產區
斜體底線：DOCG等級

0　　10　　20 km

托斯卡尼的名稱來自伊特拉斯坎人，他們是三千年前出現在義大利西部的民族，被羅馬人稱為「杜斯基人」（Tusci），後來演變為「托斯卡尼」（Toscane）。

托斯卡尼的三大法定產區

黑櫻桃、皮革、
紫羅蘭、黑莓

**DOCG vino nobile
di Monpulciano**

70％山吉歐維樹

黑櫻桃、皮革、
奧勒岡、無花果

**DOCG
chianti classico**

80％山吉歐維樹

黑櫻桃、黑莓、皮革、
森林地面

**DOCG brunello
di Montalcino**

100％山吉歐維樹

皮蒙葡萄酒首府
阿爾巴
（Alba）

每年產量（百萬公升）
8

每公升酒精濃度
14％

優質酒款每瓶價格
（750毫升）
40歐元

Vin du Piémont

皮蒙葡萄酒

這裡是盛名遠播的內比歐露（nebbiolo）之地：此古老品種罕見搶手，是義大利葡萄酒的明珠。

起源

為了滿足無數途經「法國之路」的朝聖者：這是連接加萊（Calais）到羅馬之間的大小道路之網絡，而此地的葡萄亦釀成葡萄酒。內比歐露是極古老的當地 **是製造偉大葡萄** 品種，名字來自 **酒的理想風土** 採收期間覆滿皮蒙丘陵的薄霧（nebbia，義大利文）。這個名字也可以用來表示葡萄果皮上的大量白粉。來自阿爾卑斯山的清涼空氣，以及地中海帶來的熱氣，創造出偉大葡萄酒的理想風土。不過皮蒙並非總是代表出色品質。很長一段時間裡，葡萄曾秤斤販售，直到 1980 年代才真正意識到，如此作法的收益少得可憐。受到布根地的追求極致，以及托斯卡尼的商業精神啟發，皮蒙酒農終於躋身葡萄酒菁英產區的行列。

品飲

此處有三大主要紅酒葡萄品種：巴貝拉（Barbera）、多切托（Dolcetto）及內比歐露。多虧了其中的內比歐露，為皮蒙贏得響亮名氣：此品種種植困難，不過一旦成功，品質總是非常出色。
我們不是常說固執的人反而表現最好？這些葡萄品種有如鏡子，反映出土地的精神。而在這裡，內比歐露展現張力與勁道。年輕時顯得硬澀，不過其架構會 **內比歐露的陳年潛** 隨著時間益 **力為十五至二十年** 發柔軟優雅。內比歐露的陳年潛力為十五至二十年。若有如此耐心，這款葡萄酒將會展現獨特的絲滑口感。Salute ！

> "在這裡，我們腳下盡是黃金。"
>
> 拉莫拉（La Morra）前市長喬凡尼·波斯柯（Giovanni Bosco）

重要日期

西元前 200 年	→	1268 年	→	1986 年	→	2014 年
希臘人在皮蒙地區種植葡萄。		杜林（Turin）附近首度出現「nibiol」葡萄酒的生產書面紀錄。		新一代釀酒師決定品質應重於產量。		皮蒙葡萄園列為聯合國世界文化遺產。

北

瑞士

倫巴底大區

瓦萊達奧斯塔大區

法國

Valli Ossolane

Lago Maggiore

Ghemme *Boca*
Bramaterra *Colline Novaresi*
Carema *Lessona* *Gattinara*
比耶拉 *Coste* *Fara*
BIELLA *della Sesta*
Sizzano ○諾瓦拉
NOVARE

維爾切利
VERCELLI ○

Erbaluce
di Caluso
Canavese
Rubino
Malvasia di *di Cantavenna*
Castelnuovo Don Bosco *Gabiano*
Collina Torinese
Valsusa *Grignolino del*
杜林 *Monferrato Casalese*
Freisa *Albugnano* *Grignolino* *Barbera*
di Chieri *Freisa* *d'Asti* *Casorzo* *d'Asti* 亞歷山大
d'Asti *Ruché di* ALEXANDRIE
阿斯堤 *Castagnole*
Pinerolese *Monferrato* *Barbera del*
Terre *Monferrato /*
Alfieri *Barbera del* 諾維利古雷
Monferrato Superiore NOVI LIGURE
Roero *Calosso* *Nizza*
Barbaresco *Gavi* *Colli Tortonesi*
ALBA *Brachetto* *Strevi* *Cortese di Gavi*
Colline Saluzzesi *Loazzolo* *d'Acqui*
Diano d'Alba *Moscato d'Asti*
Barolo *Dolcetto d'Acqui* *Ovada /*
Dolcetto *Dolcetto di*
阿爾巴 *d'Asti* *Ovada Superiore*

Dogliani *Cortese dell'Alto*
Monferrato

利古里亞大區

利 古 里 亞 海

斜體：法定產區
斜體底線：DOCG等級

0 10 20 km

內比歐露僅占皮蒙葡萄酒產
量的 5%。然而人們（幾乎）
只討論此品種。

皮蒙葡萄酒的香氣

藍莓、黑莓、黑醋栗、
咖啡、扁桃仁

櫻桃、黑莓、李子、
甘草、胡椒

櫻桃、肉桂、香草、
皮革、菸草

櫻桃、玫瑰、菸草、
蕈菇、松露

DOCG
Dolcetto di Ovada
品種：多切托
陳年十二個月，
其中桶陳六個月

DOCG Barbera del
Monferrato superiore
品種：巴貝拉
陳年十四個月，
其中桶陳六個月

DOCG
Barbaresco
品種：內比歐露
陳年二十一個月，
其中桶陳九個月

DOCG
Barolo
品種：內比歐露
陳年四十六個月，
其中桶陳十二個月

Vermouth de Turin

杜林香艾酒

這絕對是十九世紀義大利和法國最有名的餐前酒。誕生於杜林，在香貝里（Chaméry）重獲新生，香艾酒可沒宣布放棄呢。

香艾酒首府
杜林
（Turin）

每年產量（百萬公升）
145

每公升酒精濃度
14.5 ～ 21%

優質酒款每瓶價格
（1公升）
18 歐元

> 我們以香艾酒和苦艾酒提振精神，先讓心情變好。

紀·莫泊桑（Guy de Maupassant），
《皮耶與尚》（*Pierre et Jean*），
1887 年出版

起源

香艾酒是指十九世紀初直到 1950 年代，在西歐非常盛行的加味葡萄酒。「Vermouth」一名源自 1786 年的杜林，而安東尼歐·班內戴托·卡帕諾（Antonio Benedetto Carpano）是第一位為白酒加入酒精，以及三十種以上草本植物與辛香料浸泡製作開胃酒的人，其中使用製作苦艾酒的植物翻譯成古德文「Wermut」。這款開胃酒廣受好評，出口到歐洲各地。

香艾酒分成兩大家族，義大利的「Rosso」是帶甜味、因焦糖而呈現琥珀色的香艾酒；「Bianco」則與法國有關，是發明於香貝里的白色不甜型香艾酒。在歐洲，想要標示上香艾酒一名，酒液必須含至少 75％的葡萄酒，其酒精濃度介於 14.5 ～ 21%，並且使用不同植物增添香氣，其中一定要採用大苦艾與小苦艾所屬的艾屬（*Artemisia*）。

香艾酒經過一段真正的黃金歲月後，自 1950 年起開始無法揮去衰老的印象。

品飲

香艾酒是絕佳的餐前酒，一般傳統習慣加冰塊純飲，並搭配柳橙皮絲或柳橙圓片。香艾酒同時也為眾多已成為經典款的調酒錦上添花，如曼哈頓或內格羅尼。不同的香艾酒擁有不同香氣，一部分取決於使用的葡萄品種：義大利使用蜜思嘉和崔比亞諾（Trebbiano）；法國使用克萊雷特、匹格普勒（Piquepoul）、白于尼，不過最重要的是香草植物與香料的選擇。每個品牌有自己的配方，其識別主要建立在原料的多樣性。芫荽、苦橙、歐白芷、丁香、肉桂、龍膽、接骨木花、小豆蔻、大茴香、香草、金雞納樹皮、鳶尾、馬鬱蘭、洋甘菊、鼠尾草等等，名單冗長，而且混搭配方無窮盡！Salute ！

重要日期

1786年	1813年	19 世紀	1950年
安東尼歐·班內戴托·卡帕諾在杜林發明「香艾」一詞。	喬瑟夫·諾麗（Joseph Noilly）在香貝里生產最早的法國不甜型香艾酒，稱為「Bianco」。	香艾酒在歐洲蔚為風潮。	香艾酒潮流衰退。

瑞士

Lac Majeur

瓦萊達奧斯塔大區

比耶拉
BIELLA

諾瓦拉
NOVARE

倫巴底大區

維爾切利
VERCELLI

法國

皮蒙大區

杜林

亞歷山大
ALEXANDRIE

阿斯堤

諾維利古雷
NOVI LIGURE

阿爾巴

利古里亞大區

利古里亞海

北

0　10　20 km

不甜馬丁尼
DRY MARTINI

－不甜型香艾酒 1 大匙
－琴酒 50 毫升
－冰塊 6 顆

琴酒、香艾酒和冰塊放入杯中混合。攪拌 10 至 15 秒。倒入冷藏過的馬丁尼杯，同時濾去冰塊。在杯底放入一顆綠橄欖即完成。

不同類型的香艾酒

干型香艾酒
（Dry / secco）

酒精濃度：18 ~ 20 %
含糖量：< 40 g／公升

白香艾酒
（Blanc）

酒精濃度：16 %
含糖量：100 ~ 150 g／公升

甜型香艾酒
（Rosso / sweet）

酒精濃度：15 ~ 17 %
含糖量：> 150 g／公升

內格羅尼
NEGRONI

－金巴利 30 毫升
－紅色香艾酒 30 毫升
－琴酒 30 毫升
－冰塊

直接將材料倒入威士忌杯。以柳橙片裝飾即可。

曼哈頓
MANHATTAN

－威士忌 40 毫升
－紅色香艾酒 20 毫升
－安格仕苦酒 4 滴
－馬斯拉奇諾櫻桃（cerise au marasquin）1 顆
－冰塊 5 顆

材料倒入杯中，與冰塊混合。用調酒匙快速攪拌。濾去冰塊，倒入事先冷藏過的馬丁尼杯中。以馬斯拉奇諾櫻桃裝飾。

香艾酒在西班牙極受喜愛，甚至「飲用香艾酒」（Tomar el Vermut）一語成為「喝餐前酒」的普遍說法。

Campari de Milan

米蘭 金巴利

其濃郁的香氣和苦味廣受全球喜愛,美國佬(Americano)、內格羅尼或史畢利茲(spritz)等調酒,讓帶苦味的金巴利成為走在流行尖端且最具義大利風情的利口酒。

金巴利首府
米蘭
(Milan)

每年產量(百萬公升)
30

每公升酒精濃度
25%

優質酒款每瓶價格
(1公升)
15 歐元

"紅・無可取代"

金巴利廣告標語

起源

皮蒙農民之子加斯巴雷・金巴利(Gaspare Campari)於十四歲就開始生產苦精類酒精飲品,這些開胃利口酒是以浸泡苦味植物製作而成。1860 年,金巴利的不同經驗帶領他到米蘭附近的諾瓦拉(Novare)酒吧當酒保,他在這裡完成了一款含有六十種原料的利口酒:包括香草植物、辛香料、樹皮、果樹樹皮等,直到今日配方仍非常保密。金巴利希望在米蘭販售他的利口酒,他在城裡得到一間店面,打理成「Caffè Campari」小酒館,店內供應由他親自經手的調酒。調酒美國佬就此誕生,並使金巴利利口酒大獲成功。

金巴利第四個兒子大衛(David)成立家庭企業,在米蘭郊區建造第一座工廠,將品牌轉變為烈酒集團,今日名列全球市場第七位。金巴利的行銷策略非常有特色,品牌固定召集知名藝術家為其製作廣告。金巴利代表米蘭,一如米蘭代表金巴利。小酒館「Caffè Campari」仍屹立不搖,是米蘭社交界熱衷的咖啡店,一百五十年來持續提供義大利最好喝的美國佬調酒。

金巴利代表米蘭,一如米蘭代表金巴利

品飲

金巴利主要做為餐前酒飲用,具有強烈的香氣和苦味,加冰塊純飲或做成調酒都很適合。美國佬和內格羅尼是兩款最能表現金巴利特色的指標性調酒。Salute!

重要日期

1860年 →	1904年 →	1932年 →	2010年
加斯巴雷・金巴利在諾瓦拉發明金巴利。	在米蘭郊區的賽斯托─聖喬凡尼(Sesto San Giovanni)開設第一間金巴利工廠。	金巴利奠定行銷策略,和藝術家合作,製作專屬廣告海報。	金巴利歡慶一百五十週年。

美國佬和內格羅尼

美國佬是加斯巴雷·金巴利發想的調酒,起初名為「米蘭杜林」(Milano-Torino,因為使用米蘭金巴利和杜林香艾酒),混合一份金巴利和一份香艾酒,倒入少許氣泡水,並以橙皮裝飾;1917 年,為了向身在義大利的美國士兵致敬,改名為「美國佬」,立刻受到美國人喜愛,受歡迎的程度甚至跨越全球。內格羅尼是1919 年在佛羅倫斯由內格羅尼伯爵(compte Negroni)發明,他是美國佬的忠實愛好者。他從倫敦旅行歸來後,決定將金巴利與香艾酒,以及等量的琴酒取代氣泡酒,立刻大受歡迎。

美國佬
AMERICANO

－金巴利 30 毫升
－紅色香艾酒 30 毫升
－氣泡酒少許

所有材料直接倒入威士忌杯。加入冰塊。加入少許氣泡酒。以橙片或檸檬皮絲裝飾。

內格羅尼
NEGRONI

－金巴利 30 毫升
－紅色香艾酒 30 毫升
－琴酒 30 毫升

所有材料直接倒入威士忌杯。加入冰塊。以橙片裝飾。

金巴利的調酒

氣泡金巴利
CAMPARI
SPRITZ

－金巴利 40 毫升
－氣泡水 20 毫升
－普羅賽克(prosecco)180 毫升

所有材料直接倒入葡萄酒杯。以橙片裝飾。

花花公子
BOULEVARDIER

－金巴利 30 毫升
－紅色香艾酒 30 毫升
－波本威士忌 90 毫升

所有材料與冰塊倒入雪克杯。搖盪後濾去冰塊,倒入事先冷藏過的調酒杯。以檸檬皮絲裝飾。

米蘭市可能是餐前開胃酒(apéritif)概念的發源地:品飲酒精飲料以打開胃口。

Amaretto de Saronno

薩隆諾
扁桃仁利口酒

倫巴底有許多美妙甜酒，苦甜風味的扁桃仁利口酒是其中之一。

扁桃仁利口酒首府
薩隆諾
（Saronno）

每年產量（百萬公升）
5

每公升酒精濃度
25 ～ 28%

優質酒款每瓶價格
（1公升）
12歐元

起源

扁桃仁利口酒（Amaretto）是義大利著名利口酒，帶有鮮明的扁桃仁風味，原產地在眾多知名酒飲之搖籃的倫巴底（Lombardie），更精確地說，是在米蘭北邊的薩隆諾。此酒的起源有兩則故事：傳說達文西的學生，畫家伯納迪諾·盧伊尼（Bernadino Luini），為了繪製濕壁畫來到薩隆諾，而落腳處的旅館女主人送他一份扁桃仁酒藥劑的配方。第二個故事的可信度較高，據傳某位義式扁桃仁餅乾（amaretti）的製造商突發奇想，將餅乾泡在酒中，進而發明此酒。

不同於大多數消化酒，扁桃仁利口酒並未經過蒸餾，而是單純將扁桃仁和杏桃核浸泡在酒精，並加入肉桂或芫荽等香草植物和辛香料製成。接著加入水和糖的混合物，使風味更溫潤。不過要注意，來自扁桃樹的扁桃仁果與杏桃核中的種仁並不一樣。後者才是此酒的主要原料。杏桃核仁叫做「Avellina」，味道極苦，香氣濃郁。扁桃仁利口酒的名字「Amaretto」正是來自這份苦味，意思是「微苦」。由於杏桃仁的價格高昂，便逐漸被扁桃仁取代。

品飲

扁桃仁利口酒加冰塊是極受喜愛的消化酒。長久以來，其香甜風味被應用在料理中，像是為可麗餅麵糊提味，為提拉米蘇增添香氣，或加入肉類醬汁中。知名的義式「酒香咖啡」（caffe corretto）通常以扁桃仁利口酒取代糖。美國人常將之用於調酒，像是結合威士忌和扁桃仁利口酒的教父，以及使用蛋白和檸檬汁的扁桃仁沙瓦。總之，酒櫃或廚房櫃子裡都應該放一瓶扁桃仁利口酒，為各種料理增添一絲苦味。Salute！

重要日期

1525年 →	1786年 →	1851年
根據傳說，畫家盧伊尼從薩隆諾旅館女主人處得到扁桃仁利口酒的配法。	此時，拉札洛尼（Lazzaroni）家族發明義式扁桃仁餅乾。	拉札洛尼家族創造扁桃仁利口酒。

扁桃仁是此款利口酒的主要原料,含有大量扁桃苷,是一種天然物質,會在消化時會轉變成毒性極強的氰化物。

瑞士

北

特倫提諾－上阿迪傑大區

松德里歐
SONDRIO

Lac Majeur

Lac de Côme

雷科
LECCO

柯米
CÔME

貝加莫
BERGAME

Lac d'Iseo

薩隆諾

蒙札
MONZA

布雷夏
BRESCIA

Lac de Garde

威尼托大區

□ 米蘭

皮蒙大區

帕彌
PAVIE

克雷莫納
CRÉMONE

曼圖
MANTOUE

艾米利亞－羅馬涅大區

0   20   40 km

自製扁桃仁利口酒
AMARETTO MAISON

－完整苦扁桃仁 100 公克
－杏桃核杏仁果 100 公克
－水 1/2 公升
－渣釀白蘭地(grappa)或 90% 食用酒精 1/2 公升
－糖 350 公克

去除扁桃仁外膜,滾水煮一分鐘。瀝乾後放入食物調理機打碎。酒精或渣釀白蘭地與扁桃仁碎粒倒入密封容器,置於陰涼處浸泡一個月。一個月後,在鍋中加熱水和糖至沸騰,煮成質地稀的糖漿,靜置冷卻。濾去扁桃仁,混合浸泡過的酒液和糖漿。靜置至少三個月。搭配冰塊或製成調酒飲用。

扁桃仁沙瓦
AMARETTO SOUR

－扁桃仁利口酒 60 毫升
－青檸汁 20 毫升
－蔗糖糖漿 10 毫升
－蛋白 1 個

古典杯中放少許冰塊。所有材料放入雪克杯,加入冰塊用力搖盪。濾去冰塊,同時將酒倒入杯中。以檸檬皮裝飾。

Grappa italienne

義大利 渣釀白蘭地

「葡萄從頭到腳都是寶」，這就是渣釀白蘭地教給我們的一課。渣釀白蘭地使用製造葡萄酒剩下的酒渣，從窮人的酒變成頂級烈酒。

渣釀白蘭地首府
巴薩諾
（Bassano）

每年產量（百萬公升）
28

每公升酒精濃度
40 ～ 50%

優質酒款每瓶價格
（1公升）
40歐元

起源

在成為義大利的烈酒女王之前，渣釀白蘭地（Grappa）曾是皮蒙、倫巴底或弗留利（Frioul）農民的窮人酒精飲料，用於抵禦阿爾卑斯山腳下酷寒的冬季。十五世紀時便透過手工蒸餾生產葡萄酒的剩餘物（發酵後的葡萄皮、籽和梗），製作渣釀白蘭地。

其名稱來自皮蒙方言，「Rappa」意思是「葡萄酒渣」。第一次世界大戰時普及全義大利，當時這款酒在軍中普遍 **農民蒸餾製作 葡萄酒產生的 剩餘物** 可見。不過直到第二次世界大戰後，以及義大利的經濟成長起飛，才開始工業生產優質的渣釀白蘭地。如今義大利共有一百三十個渣釀白蘭地生產者，烈酒歷史悠久的大區數量最多，如威尼托（Vénétie）、特倫提諾（Trentin）和皮蒙。渣釀

白蘭地的生產受到法定產區「地區標誌（Indicazione Geografica Tipica，IGT）保護，包含九個義大利大區。

品飲

依照不同陳年程度和葡萄品種，渣釀白蘭地有無數類型。有無經過橡木桶陳年，以及葡萄品種（單一或數種）都會影響風味。最常用的品種是蜜思嘉、夏多內、卡本內蘇維濃、皮諾和格雷拉（Glera）。

渣釀白蘭地做為消化酒飲用，也可加入「酒香咖啡」或部分調酒中。在乳酪坊中可用於幫助某些類型的乳酪熟成。

Salute！

重要日期

1451年	→	1748年	→	1950年
文獻首度出現以「grape」為名的酒飲。		波托洛·納迪尼（Bortolo Nardini）在小城市巴薩諾中首度銷售渣釀白蘭地。		渣釀白蘭地的製作工業化。

巴薩諾

Amarone della Valpolicella

法國　瑞士　奧地利

斯洛維尼亞

克羅埃西亞

波士尼亞與赫塞哥維納

北

米蘭　威尼斯

杜林

熱那亞

利古里亞海

亞得里亞海

□羅馬

拿坡里

第勒尼安海

巴勒莫
PALERME

伊奧尼亞海

渣釀白蘭地主要在威尼斯生產，風味溫和，熱那亞（Gênes）的風味較強勁。熱那亞人認為威尼斯的渣釀白蘭地是「女孩喝的利口酒」，威尼斯人則說熱那亞的渣釀白蘭地是「野蠻人的酒」。

▢ 渣釀白蘭地主要產區

0　50　100 km

突尼西亞

渣釀霸克
GRAPPA BUCK

－渣釀白蘭地 30 毫升
－橘子汁 60 毫升
－百里香和柑橘混合物 15 毫升
－蜜思嘉氣泡酒 1 瓶
－百里香 1 枝、風乾橙片 1 片

調酒杯裝滿冰塊，混合渣釀白蘭地、橘子汁，以及百里香柑橘混合物。倒入笛形杯，加入氣泡蜜思嘉。攪拌均勻，以百里香枝和風乾橙片裝飾即完成。

阿瑪羅內渣釀白蘭地

阿瑪羅內渣釀白蘭地（Grappa d'Amarone）名聞遐邇，採用威尼托的知名法定產區「Amarone della Valpolicella」的葡萄酒渣製作。此地使用晚摘葡萄，在陽光下風乾兩、三個月，然後才放入大槽，使渣釀白蘭地生成美麗的金黃色澤，以及成熟的大馬士革李、李子與森林莓果的香氣。

不同類型的渣釀白蘭地

年輕酒款	熟成酒款	陳年酒款	珍藏
（Jeune）	（Affinée）	（Vieille）	（Réserve）
未經陳年	桶陳至少十二個月	桶陳十二至十八個月	桶陳十八個月以上

普羅賽克氣泡酒首府
第里雅斯特
（Trieste）

每年產量（百萬公升）
450

每公升酒精濃度
11.5%

優質酒款每瓶價格
（750毫升）
15 歐元

> 我們的葡萄酒有如剛從樹梢摘
> 下的鮮果一般爽脆。

普羅賽克葡萄酒工會前成員吉安卡洛·
維托雷洛（Giancarlo Vettorello）

Prosecco de Frioul et de Vénétie

弗留利和威尼托
普羅賽克氣泡酒

所有的氣泡都會浮到酒液表面，不過普羅賽克的氣泡似乎決心前往更高的地方。

起源

近三千年來，此地區丘陵地帶的葡萄酒一直深受貴族喜愛，很難推論出葡萄酒變成氣泡酒的時期。普羅賽克氣泡酒（prosecco）和香檳有三大不同之處：產區（義大利東北部）、使用的葡萄品種（格雷拉），以及在大槽中而非瓶中形成氣泡。第四點可以清楚解釋普羅賽克氣泡酒廣受歡迎的原因：價格，比起同品質的香檳，經常只有其價格的一半或三分之一。十年前，普羅賽克幾乎僅在義大利販售。如今，70% 的產量送往世界各地，主要出口至美國和英國。即使在香檳的著名產地法國，這款義大利氣泡酒也持續占有一席之地。

品飲

一如其他葡萄酒，香氣和風味變化取決於葡萄品種、風土及釀造方式。共有十種葡萄品種可用於製作普羅賽克氣泡酒，不過格雷拉仍是最主流的品種。普羅賽克氣泡酒的特別之處，在於溫和易飲的口感。不過並非可陳放的酒款，必須在採收隔年開瓶飲用。純粹主義者堅持，優質普羅賽克氣泡酒必須純飲，但是不可否認，做為貝里尼和史畢利茲等流行調酒中的主要材料，是普羅賽克氣泡酒廣受歡迎的原因。為了避免惹惱義大利友人，最好選擇平價的普羅賽克氣泡酒製作調酒，優質的普羅賽克則要「原味」品飲，不加冰塊或檸檬片。
Salute ！

重要日期

1754年 → **1969年** → **2009年**

首次出現「prosecco」一字的文字記載。	界定生產範圍，成立法定產區。	「Conegliano Valdobbiadene」成為義大利第四十四個 DOCG 法定產區。

Prosecco DOC

特倫提諾－上阿迪傑大區

奧地利

弗留利

斯洛維尼亞

Conegliano
Valdobbiadene
Superiore DOCG

Asolo Prosecco
Superiore DOCG

Prosecco
DOC Treviso

第里雅斯特
TRIESTE

Prosecco
DOC Trieste

威尼托大區

威尼斯灣

亞得里亞海

倫巴底大區

艾米利亞－羅馬涅大區

0   10   20 km

北

普羅賽克氣泡酒的三大類型

金合歡、柑橘、蜂蜜、
扁桃仁

檸檬、白花、蘋果、
柑橘

蘋果、洋梨、柑橘、
糖衣扁桃仁（dragée）

Prosecco
DOC Brut

含糖量：0～12公克／公升

Prosecco
DOC Extra Dry

含糖量：12～17公克／公升

Prosecco
DOC Dry

含糖量：17～32公克／公升

這款氣泡酒的名字來
自位於第里雅斯特郊
區的普羅賽克村莊。

早餐

含羞草
（Mimosa）

• ⅔ 普羅賽克氣泡酒
• ⅓ 柳橙汁

下午

晚間

貝里尼
（Bellini）

• ⅔ 普羅賽克氣泡酒
• ⅓ 桃子果泥
• 蔗糖糖漿少許

史畢利茲
（Spritz）

• ⅓ 艾普羅（Apérol）或金巴利
• ⅔ 普羅賽克氣泡酒
• 氣泡水少許
• 柳橙圓片半個

Amaro italien

義大利苦酒

幾乎每一座義大利村莊都擁有獨特苦酒配方，品嘗各種苦味利口酒，其實就如同踏遍義大利。

每年產量（百萬公升）
30

每公升酒精濃度
35～40%

優質酒款每瓶價格
（750毫升）
20歐元

> 沒有嘗過苦味的人，就不會懂得欣賞甜味。
>
> 義大利俗諺

起源

苦酒（Amaro）是指一整個義大利利口酒大家族，種類繁多且各有特色。它們的共同點，就是苦味（義大利語的「amaro」之意即是「苦」），在酒界較為人熟知的用語是「苦精」（bitter）。苦酒是透過以無味酒精浸泡香草植物、樹皮、植物根部或辛香料，並加入糖，放在木桶陳年。這些利口酒的歷史可追溯至中世紀，當時以苦味植物增添香氣的藥酒當做藥劑，最常由宗教組織負責生產這些酒飲，並小心**義大利處處** 翼翼地保護配方。義大**生產苦酒** 利處處生產苦酒，據說甚至每座城市、每座村莊都有採用當地花草製成的獨特配方。義大利每個省份皆有具代表性的頂尖苦酒品牌，例如米蘭的 Amazzotti、西西里的 Averna、巴西里卡塔的 Lucano，或是波隆那的 Montenegro。

品飲

苦酒最知名的療效無疑是幫助消化。傳統習慣在餐後飲用，常溫或加冰塊。苦酒可加入咖啡調味，製成「酒香咖啡」，而且隨著調酒酒吧的苦精重新流行，苦酒也捲土重來。苦酒結合苦味和植物風味，是調酒師的理想材料。Salute！

重要日期

13世紀 ⟶ **19世紀**

使用苦味植物製作「藥用酒」的最早記錄。

大多數的苦酒品牌於此時在義大利成立。

瑞士　　　奧地利

Amaro
Nonino
Aperol

斯洛維尼亞

北

Amaro
Ramazzotti
米蘭

克羅埃西亞

杜林

Campari

威尼斯

法國

波士尼亞與赫塞哥維納

Amaro
San Simone

熱那亞

Amaro
Montenegro

利古里亞海

Amaro
Santoni

Amaro
Sibilla

亞
得
里
亞
海

Amaro
L'Abruzzese

羅馬
□

Amaro Ciociaro

拿坡里

Amaro Lucano

Amaro
dei Sardi

第勒尼安海

推薦以苦酒治療酒精
過量所引起的頭痛！

Vecchio
Amaro del Capo

巴勒摩
PALERME

伊奧尼亞海

Amaro
Averna

突尼西亞

0 50 100 km

漢基帕基
HANKY-PANKY

－琴酒 20 毫升
－紅色香艾酒 20 毫升
－菲奈特布蘭卡（Fernet-Branca）2 滴
－柳橙皮絲

材料放入雪克杯。雪克杯加入冰塊搖盪，
然後濾去冰塊的同時，將酒液倒入冷藏
過的酒杯。撒上柳橙皮絲裝飾。

不同種類的苦酒

Fernet
苦味集中

Vermouth
以葡萄酒製作

Medium
最受歡迎，帶柑橘味

Alpine
香氣來自阿爾卑
斯山的植物

Finochetto
使用甜茴香製作

Light
顏色淺，柑橘
風味集中

Miele
使用蜂蜜製作

Carciofo
使用朝鮮薊製作

Tartufo
使用黑松露製作

China
使用金雞納樹皮製作

Sambuca italienne

義大利
杉布哈茴香酒

這款知名的義大利利口酒帶有鮮明的大茴香風味，在羅馬極受歡迎，名氣要歸功於具開創性遠見的安傑羅・莫里納利（Angelo Molinari），令這款酒飲普及化。

杉布哈茴香酒首府
奇維塔韋基亞
（Civitavecchia）

———

每年產量（百萬公升）
20

———

每公升酒精濃度
38 ～ 42%

———

優質酒款每瓶價格
（700毫升）
15 歐元

❝ 我將茴香酒取名為杉布哈，是為了向『杉布凱利』致敬，他們是我家鄉的運水工，將水和茴香帶給田野中的農民，為他們解渴。❞

杉布哈茴香酒創始人路易吉・曼奇
（Luigi Manzi）

起源

杉布哈茴香酒（Sambuca）的原料，是以透過蒸餾八角茴香和甜茴香取得的精油所組成。接著會用純酒精浸泡這些精油，然後加入白花接骨木花純露。百里香、胡椒薄荷與龍膽也是成分之一。西西里南邊村落曾發現一份神祕的配方，然而杉布哈茴香酒是於 1851 年，在拉吉歐大區靠近羅馬的城市奇維塔韋基亞問世的。杉布哈茴香酒的由來和名字並不明確，可能衍生自這款利口酒的成分之一「Sambucus」（在後期拉丁語意指接骨木），或者如第一個將這款利口酒商業化的路易吉・曼奇（Luigi Manzi）所解釋，是為了向家鄉的運水工致敬。不過無疑是由創業家安傑羅・莫里納利在第二次世界大戰末期，在奇維塔韋基亞市接連建造三座工廠，才讓這款利口酒普及化。莫里納利家族的行銷苦心，讓這款酒飲在 1950 年代蔚為風潮，尤其是在羅馬的上流社會之間。

杉布哈茴香酒在城市奇維塔韋基亞問世

品飲

杉布哈茴香酒有不同的飲用形式。最簡單的方法就是加入冰塊純飲，做為開胃酒或消化酒。想要讓風味更清爽，可以與冰水混合飲用。也可以加入咖啡取代糖，這種傳統做法叫做「酒香咖啡」。杉布哈利口酒可以放入利口酒杯中點火，或是做為調酒材料之一。如果在義大利，杉布哈利口酒杯中會有三顆咖啡豆，請各位別意外，這是安傑羅・莫里納利發明的方法，用來平衡八角茴香的甜味，稱為「Con la Mosca」。喝的時候要一口飲盡，並嚼碎咖啡豆，保證風味在口中迸放！Salute！

重要日期

1851年 →	1945年 →	1968年
路易吉・曼奇在奇維塔韋基亞以「Sambuca di Manzi」之名，開始將杉布哈茴香酒商業化。	透過莫里納利家族的生產，杉布哈茴香酒得以國際化。	義大利政府給予莫里納利家族的杉布哈利口酒「Extra」名稱，以獎勵該品牌的優良品質。

杉布凱利柯林斯
SAMBUCHELLI
COLLINS

－新鮮黃瓜切 2 公分厚一片
－杉布哈茴香酒 40 毫升
－檸檬汁 20 毫升
－氣泡水 80 毫升

在平底玻璃杯（tumbler）中，使用研杵壓碎新鮮小黃瓜。加入冰塊，倒入杉布哈茴香酒和檸檬汁。所有材料混合均勻，然後倒入氣泡水。以小黃瓜薄片和檸檬皮絲裝飾。放入兩根吸管，立即飲用。

利古里亞海

第勒尼安海

伊奧尼亞海

突尼西亞

奧地利

瑞士

斯洛維尼亞

克羅埃西亞

波士尼亞與赫塞哥維納

亞得里亞海

Canciani

Opal-nera　Franciacorta
米蘭
杜林
Ramazzotti　Antica
Luxardo
Toschi
熱那亞
Borghetti
Molinari
Civitavecchia　Romana
羅馬　Sarandrea
拿坡里
Borsci
巴勒摩
PALERME
Averna
Di Amore

北

杉布哈主要酒廠

0　100　200 km

八角茴香

八角茴香（Anis Étoilé／Badiane Chinoise）直到十七世紀才引進歐洲

一般於春秋兩季採收，一年兩次

八角茴香在中國南部和越南北部非常普遍

八角（Badiane）一字來自華語的「八角」，意思是「八個角」

八角茴香帶有胡椒氣味，並有濃郁的茴香風味

主要用途為舒緩腸道與呼吸道不適

杉布哈茴香酒是 1950 和 1960 年代時，「甜蜜生活」（Dolce Vita）盛世中，羅馬上流社會最流行的酒飲。

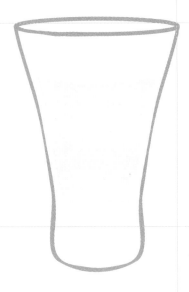

Limoncello de Campanie

坎帕尼亞
檸檬甜酒

在索羅托半島的豔陽下，檸檬甜酒就是檸檬利口酒的準則。

檸檬甜酒首府
卡布里
（Capri）
阿瑪菲
（Amalfi）

索倫托
（Sorrente）

每公升酒精濃度
26 ～ 35%

優質酒款每瓶價格
（700毫升）
20歐元

起源

檸檬甜酒（Limoncello）是以純酒精浸泡檸檬皮所製成的利口酒。原產地在坎帕尼亞（Campanie），更精確地說，拿坡里灣有三個地方聲稱是這款酒飲的發明地。卡布里一位旅館女主人靈光一閃，精心製作這款飲料，讓房客清涼解渴；索倫托的家族們則宣稱他們早就已經提供這款飲料給賓客飲用。至於阿瑪菲，可以確定的是漁夫們向來靠這款酒飲抵禦寒冬。無論如何，是這個地區生產的檸檬品質，讓檸檬甜酒獨一無二：此地的檸檬肉多皮厚，富含精油。今日，檸檬甜酒的名聲享譽全球，地中海一帶多少都有人生產，如科西嘉（Corse）、馬爾他（Malte）、檬頓（Menton）、薩丁尼亞（Sardaigne）。檸檬甜酒也隨著義大利移民來到阿根廷或加州等檸檬產量極大的地區。其獨特之處，在於相對

拿坡里灣有三個地方聲稱是檸檬甜酒的發明地

簡單的製作方法，簡單到義大利南部仍盛行自製檸檬甜酒。

品飲

品飲檸檬甜酒最傳統的方式，就是在豐盛大餐後，倒入冰涼的杯中做為消化酒飲用。這款利口酒以甜味和酸度恰到好處的平衡聞名，糖和檸檬正是兩大主要原料。今日，檸檬甜酒是流行的調酒材料，因此擁有一定的現代感和名氣：搭配龍舌蘭，就是檸檬瑪格麗特（Limoncello Margarita）；搭配白蘭姆酒就是特製莫希多（Mojito）。總之，如果想要在調酒加入檸檬風味，檸檬甜酒就是最理想的利口酒。

重要日期

19世紀 → **1988年** → **20世紀末**

不同文獻顯示，索倫托半島和卡布里島生產一種檸檬利口酒。

瑪西莫·卡納雷（Massimo Canale）首度在卡布里將檸檬甜酒商業化。

檸檬甜酒一如渣釀白蘭地，在義大利獲得國民酒飲之名。

第勒尼安海

Ischia

Procida

拿坡里灣

○阿弗沙
AVERSA

阿韋利諾
AVELLINO

波佐利
POUZZOLES

拿坡里

托雷格雷科
TORRE
DEL GRECO

斯塔比亞海堡
CASTELLAMMARE
DI STABIA

薩萊納
SALERNE

索倫托
SORRENTE

阿瑪菲
AMALFI

Capri

卡布里島
CAPRI

索倫托半島
Péninsule sorrentine

阿瑪菲海岸
Côte d'Amalfi

羅馬

拿坡里

北

0 5 10 km

檸檬甜酒並沒有受地理產區保護，不過其主要原料，即種植在索倫托的檸檬「Ovale de Sorrente」則擁有地理標誌保護（IGP）。

自製檸檬甜酒
LIMONCELLO MAISON

－ **90%** 酒精 **1** 公升
－剛熟的有機檸檬 **8** 個
－水 **1** 公升
－糖 **800** 公克

檸檬皮刨細絲。取一個大密封罐，底部放入檸檬皮，然後倒入酒精。放在陰涼處浸漬約兩至三週，酒精應轉為黃色。
製作糖漿：水和糖煮至沸騰（糖必須完全融化）。完成的糖漿倒入密封罐。浸泡二十四小時後過濾。冰涼飲用。

索倫托檸檬

索倫托檸檬肉質飽滿、外皮厚實，香氣濃郁，外觀是鮮黃色，汁液酸度高，是獨特的檸檬品種。由於富含精油，使其成為製作檸檬甜酒的理想原料。果樹種植在索倫托半島的火山土壤上，以名為「pagliarelle」的方式保護，亦即在栗木樁上鋪草席保護。二月至十月收成，而且僅能手工採收。

突尼西亞布哈酒

布吉納法索多羅啤酒

貝南棕櫚酒

衣索比亞泰吉蜂蜜酒

香蕉啤酒

留尼旺蘭姆酒

南非皮諾塔吉葡萄酒

非洲

在穆斯林國家的齋戒，以及非洲撒哈拉以南國家的高飲酒量之間，這塊大陸與酒飲彼此的關係呈強烈對比。這是地球上最後一個仍自家手工生產酒飲的地區之一，尤其是啤酒和烈酒。高粱、香蕉、棕櫚樹汁與椰子，都是最常見傳統酒飲的基礎原料。非洲也是葡萄酒產地，最出色的大使國家就是南非。南非的葡萄園與門多薩和雪梨緯度相同，是全球第八大葡萄酒生產國。

Boukha tunisienne

突尼西亞布哈酒

在成為突尼西亞美食象徵以前，布哈無花果烈酒主要是該國猶太族群代表身分認同的酒飲。

布哈酒首府
突尼斯
（Tunis）

每年產量（百萬公升）
300,000

每公升酒精濃度
37.5%

優質酒款每瓶價格
（700毫升）
20歐元

> 布哈酒之於塞法迪猶太人（北非猶太人），一如伏特加之於阿什肯納茲猶太人（東歐猶太人）。

格言

起源

在獲得今日我們認知的名聲以前，「布哈酒」（Boukha，發音為 bourrra）曾是定居突尼西亞的猶太人的酒飲，他們會風乾熟透的無花果，浸泡後發酵，並使用柱式蒸餾器蒸餾，自行生產在家飲用的布哈酒。亞伯拉罕·柏柯薩（Abraham Bokobsa）在 1820 年首度將布哈酒商業化。他的工坊位在突尼斯附近的拉蘇卡（La Soukra）。從此，許多品牌在市場上如雨後春筍般出現，直到最早創立的 Boukha Bokobsa 品牌成為龍頭。該品牌甚至創造了布哈酒的方形酒瓶。這款無花果烈酒擁有猶太潔食認證（kascher），意思是符合猶太族群的飲食戒律。二十世紀中，布哈酒踏出原本的圈子，吸引全突尼西亞，晉身國飲，並成為突尼西亞最具代表性的美食象徵之一。

品飲

布哈酒是健康且純天然的烈酒。其美妙滋味來自地中海沿岸生產的無花果，尤其是土耳其。布哈酒既能當餐前酒，也能當餐後酒，餐前飲用搭配冰塊，或是在用餐完畢時常溫飲用。布哈酒的喝法與伏特加相同：大膽將整瓶酒放入冷凍庫，使其徹底冰涼。

具無花果特有的濃烈香氣，口感圓潤且極特殊。布哈酒也很適合為水果沙拉增添香氣、為單純的果汁錦上添花，或是現今由突尼西亞年輕人帶動將布哈酒運用在調酒中。Saha lik ！

重要日期

1820年 → **1900年** → **20世紀**

亞伯拉罕·柏柯薩在靠近突尼斯的拉蘇卡工坊中，蒸餾第一批無花果烈酒。	突尼西亞出現數十個布哈酒品牌。	布哈酒享譽全國。

比塞大
BIZERTE

突尼斯

LA MARSA

Île de la Galite

BÉJA

DJEBBA

HAMMAMET

蘇塞
SOUSSE
Golfe de Hammamet

地中海

MONASTIR

凱魯萬
KAIROUAN

MOKINE

KASSERINE

阿爾及利亞

斯法克斯
SFAX

GAFSA

加貝斯
GABÈS
Golfe de Gabès

EL-HAMMA

HOUMT SOUK
Îles de Djerba

ZARZIS
Bahiret el-Bibane

MEDENINE

BEN GARDANE

TATAOUINE

利比亞

北

0 50 100 km

傑爾巴調酒
COCKTAIL JERBA

－綠薄荷利口酒 20 毫升
－蔗糖糖漿 20 毫升
－布哈酒 20 毫升
－氣泡水適量

杯中裝半滿冰塊，倒入所有
材料，然後補滿氣泡水。裝
入平底玻璃杯。以一枝薄荷
裝飾即可。

突尼西亞是北非酒精
消費量最高的國家。

無花果

全世界共有七百
種無花果

傑巴（Djebba）地
區是突尼西亞的無
花果主要產區

地中海沿岸
很適合無花
果樹生長

過去埃及人、希
伯來人與波斯人
曾大量種植

創世紀中提到的禁果，
在天主教傳統是亞當
的蘋果，在猶太傳統
中則是無花果

Dolo du Burkina Faso

布吉納法索 多羅啤酒

這是全世界壽命最短暫的酒飲：二十四小時之內製成，並且必須在完成後數小時內飲用完畢。

多羅啤酒首府
瓦加杜古
（Ouagadougou）

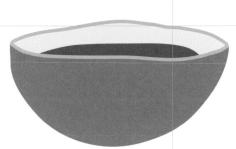

每年產量（百萬公升）
600

每公升酒精濃度
3%

優質酒款每瓶價格
（1公升）
0.13 歐元

起源

多羅啤酒（Dolo）是紅高粱或粟類穀物發酵而成的酒飲，只由稱為「多羅生產者」（Dolotière）的女性製作。穀物收成後必須經過濕潤，攤開以乾稻草覆蓋，使其發芽。穀物就這樣在陽光下曝曬三天，然後磨碎。磨成的粉末煮沸後與酵母混合：這就是發酵的開端。靜置一夜後，多羅啤酒就完成了！多羅啤酒有如料理：是為了重大活動或特別的時 **多羅啤酒只** 刻製作，由於無法保 **由女性製作** 存，必須立即飲用。多羅啤酒不穩定的狀態令無數想要將之商業化的廠商灰心喪志，因此多羅啤酒只能是手工製作的酒飲。

品飲

每一種酒飲都有各自的品飲場所。在布吉納法索，多羅啤酒要在設備簡陋、稱為「小酒館」（cabaret）的活動場所飲用，經常由負責釀造的「多羅生產者」女性們經營，包辦生產供應！ **多羅啤酒模** 在布吉納法索，將近 **樣混濁，帶** 150,000 位女性擁有生 **有一定酸度** 產多羅啤酒和經營小酒館的執照。傳統儀式上也能發現多羅啤酒的身影：受洗、喪葬和婚禮。這款酒飲模樣混濁，帶有一定酸度，令人聯想到蘋果氣泡酒。倒酒時會出現些許氣泡，不過很快便消失殆盡。多羅啤酒會裝在葫蘆碗中飲用：葫蘆是非洲的果實，乾燥挖空後可當作容器。Santé ！

馬利

○ DJIBO

○ DORI

尼日

OUAHIGOUYA
○

KONGOUSSI
○

YAKO
○

KAYA
○

瓦加杜古
Ouagadougou

DÉDOUGOU
○

KOUDOUGOU
○

KOKOLOGO
○

○ POUYTENGA

○ FADA-NGOURMA

○ DIAPAGA

GARANGO
○
TENKODOGO
○

○ BOBO DIOULASSO

貝南

○ BANFORA

迦納

多哥

象牙海岸

北

0   30   60 km

高粱

一如小麥、稻米或粟類穀物，
高粱（**Sorgho**）屬於禾本科

高粱是非洲大陸最常
見的穀類作物

原產於衣索比
亞，熱帶和地
中海地區皆適
合生長

高粱能抵抗病蟲害，
不需要任何農藥

能耐高溫：灌溉需求只
有玉米的一半

在布吉納法索，如果你的
主人搶先一步，拿起你的
葫蘆碗喝酒，可別訝異。
這是傳統，目的是確保多
羅啤酒沒有變質。

Sodabi du Bénin

貝南
棕櫚酒

棕櫚酒是貝南的國飲，對這款酒飲的原創者索達比兄弟而言，棕櫚酒無疑是親民普及的成功之作。

起源

二十世紀初期，棕櫚酒（Sodabi）出現在貝南（Bénin），然後是多哥（Togo）。至今起源仍很模糊，關於棕櫚酒的發明流傳著眾多故事，不過今日似乎以索達比兄弟（frères Sodabi）的說法最具優勢。1919 年，兄弟倆其中一人從法國歸來，曾做為法國殖民地軍隊的一員對抗德國人的他，帶回在法國學到的蒸餾技術。兄弟倆嘗試以熟透的香蕉生產蒸餾酒，最後實驗結果做出蒸餾棕櫚發酵酒，製成酒精濃度超過 70% 的酒精飲料。如今，貝南當地酒類最受歡迎的就是棕櫚酒，並且吸引了多哥和一大部分西非國家。棕櫚酒也因為造成一些社會和政治問題而在當地為人所知：棕櫚酒造成了社會失控狀態，尤其在底層和農村階級，因其價格極低廉（一公升花費

不到 1.2 歐元）而且製造過程不可靠而造成危險。雖然絕大多數的棕櫚酒在貝南南部生產，不過主要消費族群卻在北部。

品飲

棕櫚酒深植貝南傳統文化：會在婚禮、新生兒、領聖餐及葬禮等重要場合中出現。人們會為主人倒一杯棕櫚酒，感謝對方的款待（棕櫚酒裝在極小巧的杯中飲用）。處處皆販售棕櫚酒，貝南各地的小攤販皆能見到。這些地方能轉變為貨真價實的人民議會，人們在此談論國家政治。今日，由於棕櫚酒很適合作為調酒材料，在科托努（Cotonou）的新潮酒吧中占有一席之地。

棕櫚酒首府
阿拉達
（Allada）

每年產量（百萬公升）
2

每公升酒精濃度
45 ～ 70%

優質酒款每瓶價格
（700毫升）
5 歐元

> " 棕櫚酒，凝聚人心的酒。 "
>
> 格言

重要日期

1918年 →	1920-30年 →	1931年 →	2012年
索達比兄弟之一從第一次世界大戰歸來，帶回蒸餾技術。	索達比遍及貝南和多哥。	殖民部決定禁止生產棕櫚酒。	一位美國年輕人創立「Tambour」品牌，目標是將棕櫚酒推廣到全世界。

尼日

布吉納

MALANVILLE

BANIKOARA

康地
KANDI

○ NATITINGOU

NIKKI

DJOUGOU

帕拉庫
PARAKOU

○ BASSILA

TCHAOUROU ○

奈及利亞

多哥

SAVALOU

SAVÉ

SECRET

ABOMEY ○
BOHICON

COVÉ

DOGBO
LOKOSSA

阿拉達

ABOMEY-
CALAVI

新港
PORTO-NOVO

OUIDAH

科托努
COTONOU

貝南海灣

北

0   30   60 km

迦納

棕櫚酒在非洲的各式名稱

喀麥隆：**Ondotol** 或 **Hâ**

象牙海岸：**Koutoukou**

迦納：**Akpeteshie**

奈及利亞：**Ogoro**

貝南和多哥：**Sodabi**

祕密戀情
HIDDEN
PASSION

－百香果 **2** 個
－棕櫚酒 **40** 毫升
－檸檬汁 **2** 小匙
－蔗糖糖漿 **2** 小匙
－冰塊 **1** 杯

濾去百香果籽，榨出 **80**
毫升的果汁至杯中。杯中
放滿冰塊，倒入其餘材料
並攪拌均勻。杯緣以檸檬
圓片裝飾，即可享用！

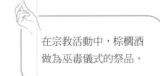

在宗教活動中，棕櫚酒
做為巫毒儀式的祭品。

棕櫚酒在紐約

美國大學生傑克・穆勒曼（**Jake Muhleman**）
到貝南探訪居住當地的友人時，立刻拜倒在貝
南棕櫚酒的魅力下，決定讓全世界認識這款酒
飲。他與友人騎著摩托車跨越貝南，尋找棕櫚
酒生產者，然後改良配方，製作出酒精濃度
45% 且較易飲的棕櫚酒。今日，位於科托努的
「**Tambour**」品牌將旗下棕櫚酒出口至美國最
受歡迎的潮流酒吧。

Bière de banane

香蕉啤酒

當地、傳統、手工、家庭式、充滿活力等等，用來形容香蕉啤酒的詞彙多不勝數，這是東非極受歡迎的酒飲，就連工業大廠也難以匹敵。

每公升酒精濃度
5 ～ 15%

優質酒款每瓶價格
（1公升）
1 歐元

有香蕉的地方，就有香蕉啤酒。

俗諺

起源

香蕉啤酒在盧安達以「Urwagwaw」之名為人熟知，東非的大湖地區人見人愛，包括蒲隆地、烏干達、盧安達和剛果，這些國家的人日常飲用香蕉啤酒，並手工家庭式製造。

配方父子相傳，做法是將熟透的香蕉（*Musa acuminata*，小果野蕉品種）加入香草植物壓碎，取得略透明的汁液。在汁液中加入水和粟類穀物或高粱麥芽的混合物，然後倒入木桶中，以大香蕉葉覆蓋，放在火上加熱三天。過濾後就可得到酒精濃度 5 ～ 15% 的啤酒。

雖然許多商業集團曾投資香蕉啤酒的市場，不過最吸引蒲隆地和盧安達人的仍是手工傳統製作的香蕉啤酒，價格低廉

是原因之一，另一方面工廠無法複製的風味才是最主要的因素。

品飲

香蕉啤酒扮演重要的社會角色：主要是男人們，不過女性也是，人們會聚集在類似路邊攤咖啡的當地酒吧，共飲一杯香蕉啤酒，一起度過分享交流的快樂時光。香蕉啤酒會裝在葫蘆碗，或以小玻璃瓶搭配吸管飲用。一如香蕉，香蕉啤酒能令人活力充沛，效果遠勝過一般啤酒。Sabatuk fy sudan furah！

重要日期

19世紀 → 21世紀

歐洲探險家的版畫描繪出香蕉啤酒的手工製程。

許多商業香蕉啤酒品牌問世。

在此地區，手工香蕉啤酒的價格只有工業啤酒的一半。

烏干達

盧安達

剛果民主共和國

蒲隆地

坦尚尼亞

北

0　15　30 km

RUHENGERI
GISENYI
BYUMBA
吉佳利
KIGALI
KABUNGA
GITARAMA
NYANZA
CYANGUGU
BUTARE
MUYINGA
CIBITOKE
NGOZI
KAYANZA
BUBANZA
KARUZI
布拉布松
BUJUMBURA
MURAMVYA
GITEGA
RUYIGI
BURURI
RUTANA
MAKAMBA

Lac Burera
Lac Ruhondo
Lac Rwanyakizinga
Lac Mikindi
Lac Hago
Lac Kivumba
Lac Lhema
Lac Muhazi
Lac Mugesera
Lac Rwero
Lac Cohoha
基伏湖
坦干依喀湖
Source du Nil

香蕉樹

香蕉樹並不是樹，而是草本植物

小果野蕉是原產於東南亞的芭蕉科香蕉樹

在亞洲，香蕉葉主要用於生產紙漿

西元 1000 年時引進東非

西元前 8,000 年左右，人類便種植小果野蕉，這是最早種植的物種之一

植株生長速度極快，從種植到第一次收成只需九個月

127

Pinotage d'Afrique du Sud

南非
皮諾塔吉葡萄酒

皮諾塔吉是布根地和地中海釀酒葡萄品種的混種，現在已然成為南非葡萄酒的領頭羊。

皮諾塔吉首府
斯泰倫博斯
（Stellenbosch）

———

每年產量（百萬公升）
15

———

每公升酒精濃度
14%

———

優質酒款每瓶價格
（750毫升）
15 歐元

> "
> 皮諾塔吉之於南非，一如威士忌之於蘇格蘭。
> "

格言

起 源

亞伯拉罕・培洛德（Abraham Perold）是斯泰倫博斯大學的教授，想到可以培養適合南非氣候的新品種。結合了黑皮諾的細緻與仙梭（Cinsault）的強韌與高產量，這個新品種在南非以「艾米達吉」（Hermitage）之名為人熟知。皮諾塔吉（Pinotage）是品種雙親的名稱縮寫，1925 年誕生於大學的實驗花園。混種的結果令人驚豔：該品種早熟，果串色澤濃黑，葡萄富含單寧，幾乎完全不像黑皮諾和仙梭。即使當時執著於卡本內蘇維濃和希哈的葡萄種植者持保留意見，以皮諾塔吉釀造的葡萄酒已經獲得許多國家首獎，使其逐漸普及。1960年代起，由於各種優點與「國家」品種的形象，皮諾塔吉成為最受喜愛也最知名的葡萄品種，很快便占有南非葡萄園 6% 的種植量。

皮諾塔吉吸引了澳洲、紐西蘭、加州、以色列和巴西等外國酒農，不過家鄉南非仍是最主要的種植地。

品 飲

皮諾塔吉的個性相當兩極化。由於產量豐富且對病害的抵抗力強，既能用來製造品質一般，甚至平庸的紅酒，不過只要精心呵護生產，就能展現令人驚豔的一面。皮諾塔吉可以釀造成單一品種酒款，或採用「開普混調」（cape blend），也就是混調數個受歡迎的南非紅葡萄品種；亦可用於生產粉紅酒。皮諾塔吉釀造的葡萄酒強勁，骨幹紮實，呈現美麗的深紫色，富果香，香氣濃郁。絕大多數的皮諾塔吉葡萄酒適合年輕飲用，不過優質酒莊出產的酒款可保存十至十五年再開瓶飲用。皮諾塔吉紅酒與烤肉、帶醬汁的料理及軟質乳酪是天作之合。Cheers ！

重要日期

1925年 →	1953年 →	1960年 →	1990年
亞伯拉罕・培洛德透過兩個葡萄品種混種，創造出皮諾塔吉。	以皮諾塔吉釀造的葡萄酒首度裝瓶。	南非興起種植皮諾塔吉的風潮。	南非葡萄酒開始受到世界認可。

奧樂芬茲河
Olifants River

海岸地區
Coastal Region

布里德河谷
Breede River Valley

克萊恩卡魯
Klein Karoo

開普南海岸
Cape South Coast

北

Lutzville Valley
VREDENDAL

聖赫勒拿灣

Citrusdal Valley

哥倫拜恩峽

SALDANHA

Swartland

Tulbagh

Darling

Wellington
Tygerberg
PAARL
Paarl

Breedekloof
WORCESTER

Worcester

Robertson

Calitzdorp
OUDTSHOORN

Langeberg-
Garcia
GEORGE

Plettenberg Bay

開普敦

STELLENBOSCH

Constantia
Stellenbosch
Elgin
西薩默塞特
SOMERSET WEST

Swellendam

KNYSNA

Cape Point

Overberg

好望角

Walker Bay
危險角
Cape Agulhas
厄加勒斯角

南大西洋

0 25 50 km

普利托利亞

開普敦

仙梭在南非曾被誤稱為「艾
米達吉」，因為雖然仙梭種
植在隆河谷地，不過艾米達
吉產區種植的卻是希哈。

皮諾塔吉的香氣

香蕉、焦糖、果醬、
紅色水果

烤棉花糖、青草、
胡椒、香草、黑莓

黑色水果、辛香料、
巧克力、煮草

草莓、覆盆子、
玫瑰水、荔枝

皮諾塔吉
年輕酒款

皮諾塔吉
陳年酒款

開普混調

皮諾塔吉
粉紅酒款

Rhum de La Réunion

留尼旺
蘭姆酒

波本島是印度洋生產蘭姆酒的先驅，在糖業和蘭姆酒業曾經歷真正的黃金時代。今日蘭姆酒的生產仍相當活躍。

留尼旺蘭姆酒首府
全島

每年產量（百萬公升）
10

每公升酒精濃度
40 ～ 55%

優質酒款每瓶價格
（700毫升）
15 歐元

起源

要真正了解留尼旺（La Réunion）的蘭姆酒（Rhum）歷史，就必須追溯蔗糖的歷史。十七世紀時，最早的殖民者開始在島上種植製糖植物。在磨坊研磨後可得到帶甜味的汁液，發酵後就是最初的蔗糖烈酒。十九世紀，留尼旺島的糖業起飛，蒸餾廠如雨後春筍成立，共有**十九世紀，留尼** 一百二十家糖廠**旺島的糖業起飛** 為四十間蒸餾廠提供原料。過去曾為手工製作的蘭姆酒蓬勃發展，開始提供出口：從「農業」蘭姆酒（使用新鮮研磨的甘蔗汁），轉變為所謂「傳統」或「工業化」（使用糖蜜，精煉糖所剩餘的液態黏稠物）生產的蘭姆酒。當時留尼旺島是印度洋上唯一出口蘭姆酒的地方。1928 年，整座島上共有三十一間蒸餾廠，但是到了1945 年只剩下十四間。新的生產技術促使生產者團結起來。今日，島上僅存

兩座大糖廠和四間蒸餾廠。雖然實際上有更多品牌，不過這些品牌向這些蒸餾廠收購蘭姆酒，然後貼上不同的標籤銷售，知名的品牌「Rhum Charrette」就是一例。

品飲

這四間蒸餾廠各自推出傳統（占絕大多數）或農業型白蘭姆酒、琥珀色蘭姆酒和陳年蘭姆酒。部分蒸餾廠販售標示了年份或「Single Cask」（單桶裝瓶）的特級酒款。

調製蘭姆酒（Rhum Arrangé）是留尼旺島的一大特色。人們以白蘭姆酒浸泡水果、番茄、辛香料或樹皮，時間大多偏長，浸漬數個月以取得香氣。這種酒飲風味強勁且甜度低，通常在餐後做為消化酒飲用。千萬別和餐前飲用而風味甜美柔和的潘趣酒（Punch）搞混了。
Anou！

重要日期

17 世紀	1704年	1884年	1972年
法國殖民者開始種植甘蔗。	島上引進第一批蒸餾器。	糖業起飛。留尼旺開始大量生產並出口蘭姆酒到法國。	大受歡迎的蘭姆酒品牌「Rhum Charrette」誕生。

聖丹尼
ST-DENIS

Savanna

印度洋

北

LE PORT

Bois-Rouge

ST-ANDRÉ

ST-PAUL

SALAZIE

ST-BENOÎT

La Part
des Anges

▲
內日峰

Rivière du Mat

印度洋

Gol

ST-LOUIS

LE TAMPON

Isautier

ST-PIERRE

ST-JOSEPH

🟣 紫色：蘭姆酒蒸餾廠

🟢 綠色：糖廠

0   5   10 km

夏雷特傳奇

1972 年誕生的「**Rhum Charrette**」，
是由島上全體生產者成立，他們決定將
各家產量集結製造單一品牌的蘭姆酒。
該品牌的酒標現在家喻戶曉，綠色是
其特點，上面描繪牛拉著裝滿甘蔗的拖
車。此品牌成為留尼旺島的象徵，留尼
旺和法國本土皆飲用大量蘭姆酒。銷售
數字就是證明：這是留尼旺出口量最大
的產品，也是法國本土銷售量第二高的
蘭姆酒⋯⋯，象徵性不言而喻。

自家調製蘭姆酒
RHUM ARRANGÉ
MAISON

－白蘭姆酒 **1** 公升
－香草莢 **2** 根
－肉桂棒 **3** 根
－液糖 **150** 毫升
－熱帶水果隨意
　（鳳梨、香蕉、百香果等等）

水果切大塊，放入大密封罐。放入剖半的香
草莢和完整肉桂棒。倒入液糖。倒滿蘭姆酒，
密封罐置於陰涼處至少三週。冰涼飲用！

Tej éthiopien

衣索比亞泰吉蜂蜜酒

衣索比亞是人類的搖籃，泰吉酒可說是全世界最古老的酒精飲品之一。這是一種以鼠李葉增添香氣的蜂蜜酒。

泰吉蜂蜜酒首府
貢德爾
（Gondar）

每公升酒精濃度
6 ～ 15%

優質酒款每瓶價格
（700毫升）
5 歐元

起源

泰吉蜂蜜酒（Tej）是將蜂蜜加水發酵，並以鼠李（gersho）的葉片增添香氣所製成的衣索比亞古老酒飲，呈現漂亮的琥珀色，某些人認為這是全世界最古老的酒精飲料。

今日，泰吉蜂蜜酒（和咖啡）仍保有國飲的地位。在過去，泰吉蜂蜜酒是菁**泰吉蜂蜜酒保留了典禮用途，尤其是在某些部落儀式**英、國王和王子的專屬飲品，後來漸漸普及化，和泰拉啤酒（Tella，褐色的傳統啤酒）成為全國飲用量最高的酒精飲料，同時保留了典禮用途，尤其是在某些部落儀式。

身在有九十種語言的多文化國家，衣索比亞的天主教社群是主要的飲用族群。

品飲

泰吉蜂蜜酒要在衣索比亞隨處可見的「泰吉蜂蜜酒館」（Tejbets）飲用，不過主要分布在西北部。酒館會提供三種不同的蜂蜜酒：清爽、中等和強勁。清爽型的酒精濃度低（6%）、甜度高；強勁型的酒精濃度高（12 ～ 15%）但味道較酸，有濃郁的蜂蜜、花朵和木質香氣。

泰吉蜂蜜酒會裝在稱為「貝瑞雷」（bérélé）的長頸玻璃圓壺中，每個衣索比亞天主教家庭中都有。泰吉蜂蜜酒可以純飲，不過傳統上會搭配浸泡在辣醬的生肉主餐飲用。

> 第一杯泰吉蜂蜜酒令人驚豔，一如第一口藍紋乳酪或第一瓶蘭比克啤酒。
>
> 愛酒人部落格（Les Coureurs des Boires）的品飲筆記

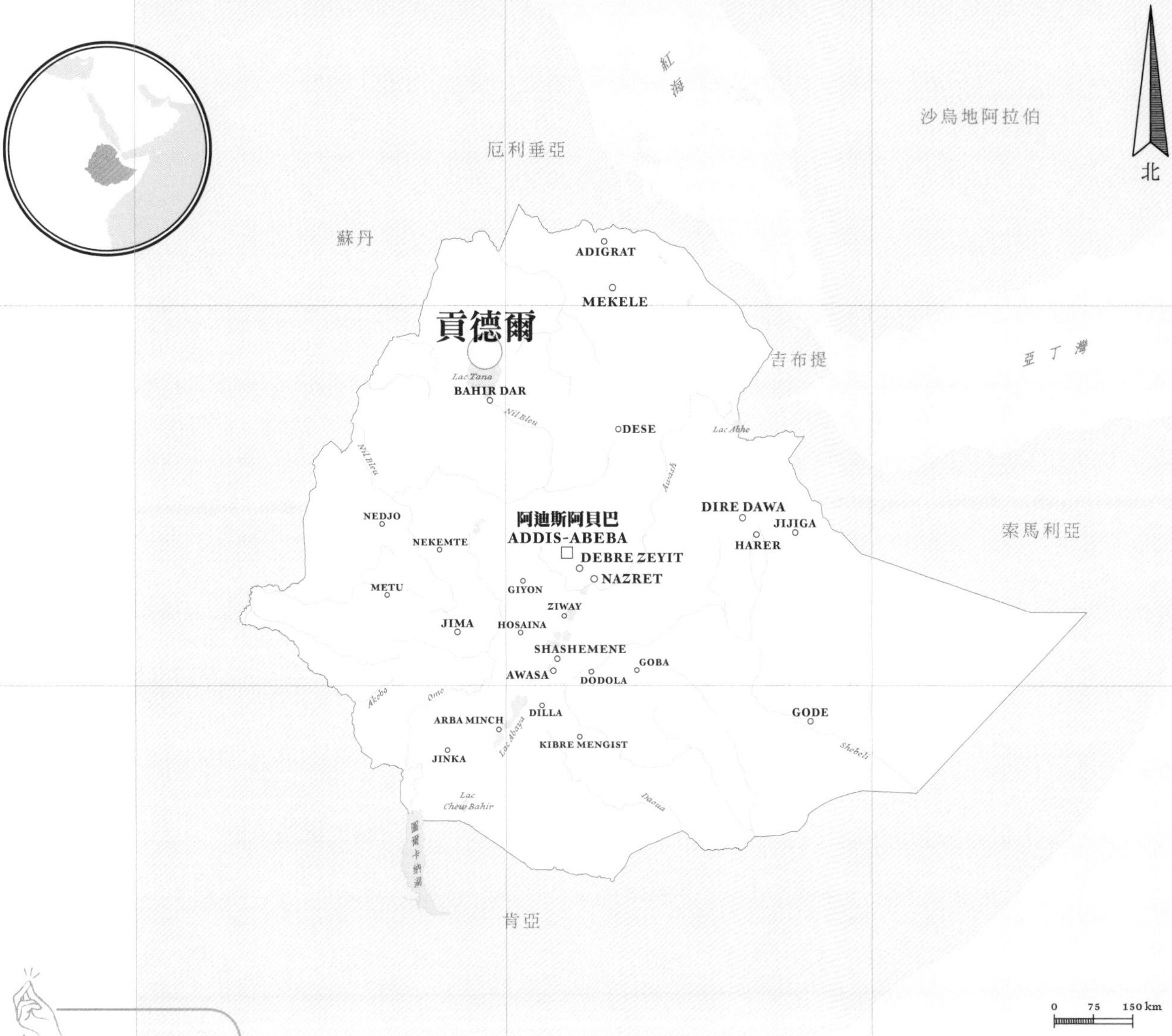

紅海
沙烏地阿拉伯
北
厄利垂亞
蘇丹
ADIGRAT
MEKELE
貢德爾
Lac Tana
BAHIR DAR
Nil Bleu
吉布提
亞丁灣
DESE
Lac Abhe
Nil Bleu
Awash
DIRE DAWA
JIJIGA
HARER
NEDJO
阿迪斯阿貝巴
ADDIS-ABEBA
NEKEMTE
DEBRE ZEYIT
NAZRET
索馬利亞
METU
GIYON
ZIWAY
JIMA
HOSAINA
SHASHEMENE
GOBA
AWASA
DODOLA
Akobo
Omo
ARBA MINCH
DILLA
GODE
Lac Abaya
KIBRE MENGIST
Shebeli
JINKA
Lac Chew Bahir
Daoua
圖爾卡納湖
肯亞
0 75 150 km

泰吉蜂蜜酒的品質通常取決於飲用者的社經地位。

自製泰吉蜂蜜酒配方

- 白酒 500 毫升
- 水 500 毫升
- 蜂蜜 60 毫升

I 水和蜂蜜放入鍋中，以小火加熱。攪拌至蜂蜜完全融化，且混合物變得濃稠滑順。

2 靜置冷卻。水和蜂蜜倒入蜜蜂容器，放入冰箱冷藏一小時。

3 加入白酒，接著全部倒入醒酒瓶。搖晃混合均勻。

4 飲料稍微冰鎮，然後倒入杯中，立即飲用。

喬治亞橘酒

黎巴嫩亞力酒

亞洲

目前，考古學家證實，最古老的酒精發酵遺跡是在亞洲。這些遺跡推斷是在新石器時代，即西元前 10,000 年。十世紀時，阿拉伯人是最早以蒸餾液體製作香水的民族。「傳統單壺蒸餾器（alambic）就是來自阿拉伯文的「al-inbiq」，意思是「蒸餾瓶」。稻作深植遠東地區國家的文化中，這解釋了何以米製酒飲無所不在。酒精飲料在西方世界是慶典的同義詞，在亞洲更與日常生活連結——主要在大量飲酒的應酬飯局中。佛教並沒有禁止飲酒，不過（非常）強烈勸戒。喝酒或冥想，只能二選一。

蒙古酸奶酒

中國葡萄酒　韓國燒酒

中國白酒

日本威士忌

日本燒酎　日本清酒

峇里島亞力酒

Arak du Liban

黎巴嫩亞力酒

這是近東地區最有特色的酒精飲料，從葡萄而生，以大茴香增添香氣。數百年來，亞力酒向來為黎巴嫩料理增色，帶來清新感。

亞力酒首府
札赫勒
（Zahlé）

每年產量（百萬公升）
3

每公升酒精濃度
40～55%

優質酒款每瓶價格
（700毫升）
30歐元

只要嘗過亞力酒，就難忘其風味。

黎巴嫩俗諺

起源

亞力酒（Arak）之於近東，一如「Aguardiente」之於拉丁美洲：這是受歡迎的古老烈酒，在每個國家都有不同面貌。最常在土耳其（拉克酒〔raki〕）、敘利亞、約旦、以色列和黎巴嫩見到。其中黎巴嫩的亞力酒最廣為人知，其是以大茴香增添香氣的葡萄烈酒，是名符其實的國家美食象徵。

亞力酒在阿拉伯語之意為「汗水」或「流汗」，令人聯想到壺形蒸餾器中蒸氣形成的水滴。這款蒸餾酒是以接近葡萄酒的發酵葡萄果渣製成，並加入大茴香籽蒸餾三次。接著裝入黏土製陶甕，在地窖靜置十二個月。亞力酒在黎巴嫩許多村莊為家庭製造，主要生產者為天主教族群，尤其在札赫勒省的貝卡谷地（plaine de Bekaa），此地占全國產量的四分之三。札赫雷省以葡萄酒聞名，葡萄生長在海拔 900 公尺處，一年有兩百六十天的晴朗日照。生產亞力酒的葡萄大部分來自該省的原生品種：歐貝迪（Obeidi）。

品飲

不同於可能會被拿來相提並論的帕斯提，亞力酒是佐餐酒，而非開胃酒。飲用時會加冰塊、以水稀釋：傳統喝法是一份水配一份亞力酒，或是兩份水配一份亞力酒。加水後，亞力酒會轉為特有的乳白色，非常適合搭配黎巴嫩傳統料理開胃菜「梅茲」（mezzé），這道料理包括了羊肉串、鷹嘴豆泥、茄子泥、新鮮香草植物沙拉等。Kesak！

亞力酒是佐餐酒

重要日期

西元前 6,000 年	→	8 世紀	→	1937 年
黎巴嫩最早的葡萄種植遺跡。		新月沃土出現最早關於壺型蒸餾器凝水的書面紀錄。		法律定義亞力酒為透過壓榨葡萄、並加入大茴香蒸餾而成的酒精飲料。

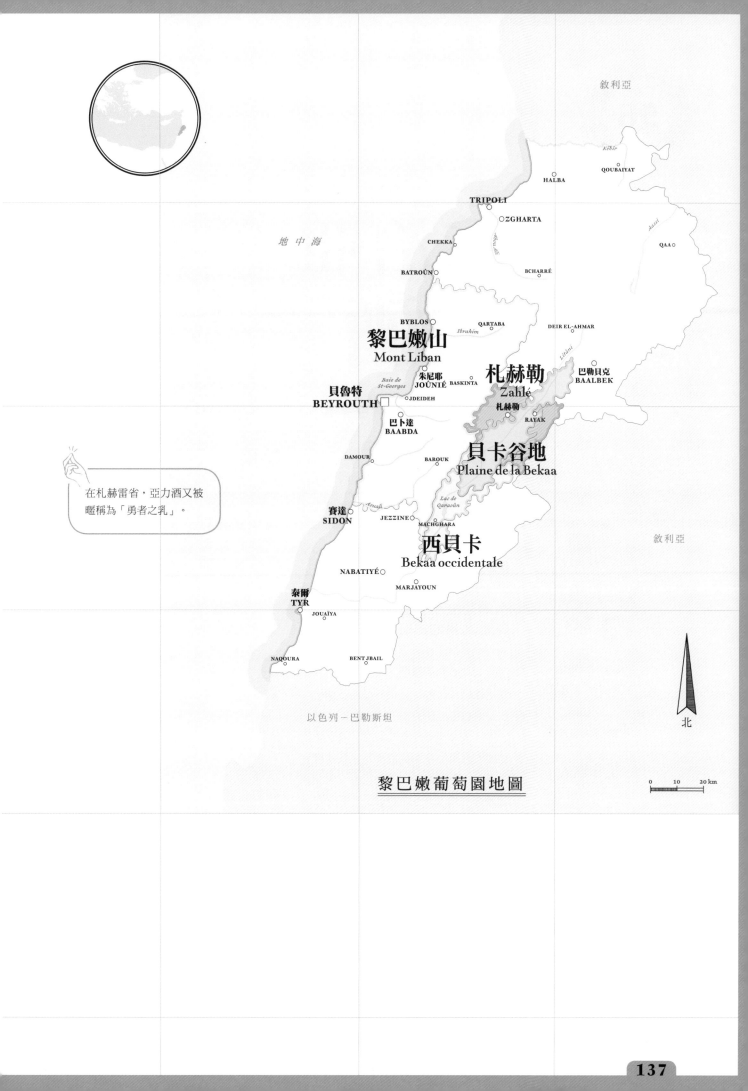

黎巴嫩葡萄園地圖

Vin orange de Géorgie

喬治亞
橘酒

喬治亞橘酒的生產歷史超過八千年，是歷史最悠久的酒。

橘酒首府
泰拉維
（Telavi）

每年產量（百萬公升）
170

每公升酒精濃度
12 ～ 13%

優質酒款每瓶價格
15 歐元

> 在喬治亞，葡萄藤受到如孩童般的照料，以同樣的溫柔和耐心養育。
>
> 歷史學家帕斯卡·雷涅茲
> （Pascal Reigniez）

起源

語言學家都同意，法文的葡萄酒「vin」的字源來自喬治亞文的「gvino」。一腳跨在歐洲，另一腳跨向亞洲，喬治亞是出人意表的文化醞釀者。這個小小的國家曾受波斯、羅馬、拜占庭、阿拉伯、蒙古與俄羅斯的統治，表現出極特**喬治亞被視為世** 殊的文化傳承與**界葡萄酒的搖籃** 歷史。今日，喬治亞被視為世界葡萄酒的搖籃，葡萄酒已然成為該國的驕傲，與喬治亞的文化緊密連結。此地是全世界最後一個仍由家庭釀造自用葡萄酒的國家之一。

一如許多生產葡萄酒的國家，區別本地品種與外來品種葡萄酒極為重要。歷史常常上演相同戲碼：喬治亞的原生品種曾經隨處可見，但在 1980 年被國際品種取代。接著，近年來，在年輕酒農、大膽的侍酒師和充滿好奇心的消費者推動下，當地品種捲土重來，並成為喬治亞的葡萄酒象徵。

品飲

橘酒（又稱為琥珀酒），現今風靡於侍酒師和葡萄酒愛好者之間。橘酒是以釀**現今風靡於侍** 造紅酒的方式釀造**酒師和葡萄酒** 白酒。也就是說，**愛好者之間** 葡萄汁會與葡萄皮一起浸泡，因此酒色鮮明，有時呈橘色，也帶有一般只有紅酒才有的單寧特質。這種葡萄酒的獨特之處，在於濃郁的香氣與悠長的尾韻，任何愛酒人都會為之心頭一震！Gaumarjos！

重要日期

西元前 6,000 年 → 1945 年 → 2006 年 → 2013 年

最古老的葡萄汁發酵考古遺跡。

在雅爾塔密約上，史達林準備了喬治亞葡萄酒招待羅斯福和史達林。

俄羅斯禁止進口喬治亞葡萄酒。酒農必須尋找新市場，並且以品質為重。

「陶甕酒」（Kvevri）列入聯合國無形文化遺產。

俄羅斯

黑海

阿布哈茲
Abkhazie
SOUKHOUMI

薩梅格列羅
Mingrélie
ZOUGDIDI

列其呼米
Letchkhoumi

拉恰
Racha

SENAKI
KOUTAÏSSI

TSKHINVALI

卡赫季
Kakhétie
Napareuli

古利亞
Gourie
POTI

伊梅列季
Iméréthie
SAMTREDIA ZESTAFONI

KHACHOURI GORI

第比利斯
TBILISSI

泰拉維
TELAVI
Tsinandali
Kindzmarauli
Mukazani

BATOUMI

梅斯赫季
Meskhétie

卡特利
Kartli

ROUSTAVI

阿查拉
Adjarie

Lac
Paravani

Kardenakhi

北

土耳其

亞美尼亞

亞塞拜然

喬治亞葡萄園地圖

0   30   60 km

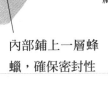
喬治亞政府目前與美國太空總署（NASA）合作，試圖以科學方式證明該國確實是歷史上最早的葡萄釀酒國家。他們非常堅持！

世界各地的橘酒

法國

產區：侏儸、羅亞爾河流域、西南區、隆格多克

斯洛維尼亞

產區：格里查博達（Goriška Brda）
品種：夏多內

澳洲

產區：阿得雷德丘
品種：白蘇維濃

義大利

產區：義大利北部
品種：灰皮諾

源自喬治亞，不過今日義大利、法國、澳洲等地的酒農也使用陶甕

陶土製作

可裝入 300 ～ 350 公升的葡萄酒

十月入土至隔年三月

內部鋪上一層蜂蠟，確保密封性

喬治亞「陶甕酒」

「陶甕酒」（kvevri ／ qvevri）是擁有千年歷史的喬治亞傳統。這種大型陶罐是酒桶的祖先，容量可裝入 300 ～ 350 公升的葡萄酒。裝滿後，將陶甕埋入地底靜置數週，確保發酵溫度穩定。陶甕酒通常會封存六個月，不過有時會為了新生兒，將酒埋藏至孩子的大喜之日！

橘酒的香氣

橙皮、杏桃、桃子、焦糖、蘋果

喬治亞

品種：白羽（Rkatsiteli）
或Mtsave

白酒首府
茅台

每年產量（百萬公升）
375

每公升酒精濃度
40 ～ 65%

優質酒款每瓶價格
150歐元

Baiju chinois

中國
白酒

從宗教祭品到應酬桌，白酒是能令人露出真面目的通俗酒飲。

起源

白酒是以穀類發酵並蒸餾製成的酒飲。穀物的選擇取決於生產地區，以高粱為主，還可加入稻米、小麥或大麥。依照陳年時間和生產品質，有些酒款的價錢可達四位數。最知名的茅台白酒就是一例，茅台酒在七個月內，經過七次發酵和八次蒸餾，然後桶陳四年。不用說，**穀物的選擇取決於生產地區** 這等品質的白酒絕對是中國菁英階層專屬。貴州茅台的股價為 1,300 億歐元，是白酒的領導品牌。為了讓各位更有概念，該品牌的價值超過 LVMH 集團。2013 年起，由於緊縮白酒應酬宴請之預算，對各品牌而言無疑是一大打擊。限制賄賂的打貪，讓酒商也跟著遭殃！

品飲

白酒仍是中國的傳統，95% 年產量都是中國人喝掉的。對西方味蕾而言，白 **記得先為鄰座** 酒的風味可以很迷 **的客人在一口** 人，也可能難以招 **杯中倒滿酒** 架。依照不同的製法，風味從香蕉到蜂蜜，從李子到薄荷，甚至還有甘草香氣。若是各位有機會到中國，記得先為鄰座的客人在一口杯中倒滿酒。白酒是要一口見底的。乾杯！

> " 白酒紅人面，黃金黑人心。"
>
> 中國俗諺

重要日期

西元前135年 ⟶ 1972年

茅台城生產祭祀用的穀物利口酒。

尼克森總統和毛澤東互敬茅台酒白酒，慶祝美中關係恢復。

俄羅斯

蒙古

呼倫湖

貝加爾湖

吉爾吉斯

北韓

日本海

二鍋頭

北京□

汾酒

青海

黃海

南韓

日本

古井貢酒

上海

江南春

郎

重慶○

五糧液

茅台○

茅台酒

東海

瀘州老窖

尼泊爾

不丹

陳年老酒

印度

孟加拉國

緬甸

越南

寮國

香港

台灣

太平洋

孟加拉灣

泰國

北

白酒重要品牌

0　250　500 km

白酒的香氣

米、森林地表、蜂蜜、
醬油、柑橘、

在中國，和陌生人喝酒通常
是為了打破藩籬。喝酒也有
點像挑戰，測試對方的酒量。

白酒

Huangjiu chinois

中國 黃酒

製造過程有如啤酒，色澤如葡萄酒，風味如清酒。射一種酒。

黃酒首府
紹興

每年產量（百萬公升）
3,500

每公升酒精濃度
12 ～ 20%

優質酒款每瓶價格
（1公升）
10 歐元

起源

《齊民要術》是最古老的農業論述，是古代中國的農業技術資訊寶藏。這本論述著於六世紀，已記載三十七種糧食酒。書中包含令人訝異的詳盡細節：「……使童子著青衣……日末山時，面向沙地汲水……」。這本著作強調黃酒在中國文化的中心地位。黃酒原本是祭祀祖先靈魂和神明的供品。接著，很快變為宮廷酒飲，並普及至一般人民，黃**黃酒在中國文化** 酒因此很可能與**占有中心地位** 最早的酗酒脫不了關係。這樣的行為也導致了周朝（西元前十一世紀）統治時，過度沉溺於酒精者會判處死刑。

品飲

黃酒是穀物發酵製成的無氣泡杯中之物。黃酒相當令人困惑，雖然製作過程按照啤酒釀造法（穀物麥芽釀造流程），但風味、外觀和酒精濃度卻如同葡萄酒。多種穀物皆能用於釀造黃酒，**穀物發酵製成的** 不過小麥是最重**無氣泡杯中之物** 要的原料。小麥會分成三等份：一份經烘烤，一份燜燉（小火），一份保持生麥。不同生產者的傳統會賦予不同品牌獨特的風貌。乾杯！

> 花間一壺酒，獨酌無相親，
> 舉杯邀明月，對影成三人。
>
> 八世紀中國詩人李白

重要日期

西元前 **6,000** 年 → **6** 世紀

在中國，人類生產最早的酒精飲料。	出現最早的糧食酒配方書面紀錄。

俄羅斯

蒙古

烏魯木齊○

庫爾勒○　哈密

西寧○　蘭州

北京□

石家莊　天津

太原　濟南

西安　鄭州

齊齊哈爾○

哈爾濱○

長春○　吉林○

瀋陽○

鞍山○

大連○

青島○

南京○　上海

杭州

紹興

成都○

武漢

重慶○　南昌○

長沙○

昆明○　貴陽○

福州○

南寧○　廣州○

防城港　澳門○　香港

臺灣

北韓

南韓

日本

日本海

黃海

東海

太平洋

銀川

孟加拉國

緬甸

寮國

越南

泰國

孟加拉灣

不丹

尼泊爾

拉薩○

北

黃酒主要生產地區

0　150　300 km

在中國，黃酒依照季節、
搭配的菜餚或主人的心
情，冷熱飲用皆宜。

不同類型的黃酒

荔枝、無花果、蜂蜜

小麥黃酒

櫻桃、蜂蜜、木瓜

米製黃酒

茶葉、核桃、李子乾

小米黃酒

Vin de Chine

中國葡萄酒

當絲路成為葡萄酒之路，中國也成為全球最大的葡萄酒生產國。

中國葡萄酒首府
煙台

每年產量（百萬公升）
115

每公升酒精濃度
14%

優質酒款每瓶價格
（750毫升）
10歐元

起源

我們推測最早的葡萄釀酒可追溯至兩千年前。西元前 126 年，中國將軍張騫被派遣至中亞，帶回原產於波斯帝國、現今的烏茲別克產區的葡萄植株。葡萄酒的歷史，一如中國歷史，1949 年隨著中華人民共和國宣布成立，解放長年受內戰所苦的人民，葡萄酒也進入全新紀元。2000 年時，中國葡萄園占世界葡萄種植面積的 4%，這項數字翻了三倍。**最早的葡萄釀酒可追溯至兩千年前** 隨著中國人對葡萄酒的興趣加深，而廣大的中國國土是法國的十七倍大，種植面積的進展絲毫沒有停止的跡象！位於中國東北部的山東是最大的葡萄酒產區，占全國產量的 40%。

品飲

中國人與葡萄酒的關係，外人仍存有許多根深柢固的偏見：「他們總是一口乾盡葡萄酒」、「他們都買歐洲人不想要的酒」等等。確實，中國人是較晚近的葡萄酒生產者與消費者，不過他們也在**處處可見波爾多的影響** 學習。最有決心的中國人，在伯恩、漢斯或波爾多等地攻讀學位。而且進步有目共睹！從葡萄品種的選擇，再到受一貫以木桶培養且處處可見波爾多的影響。現在的生產者必須擺脫歐洲教條，加入自己的特色。首先表現特色的就是大自然：此緯度之下的紅酒將展現更多熱帶風情，散發椰子或芭樂香氣。乾杯！

> "中國人已掌握釀酒技術。他們缺少的是完美結合土壤、葡萄品種和氣候的風土分析。"
>
> 駐北京侍酒師方啟俊（Nicolas Carré）

重要日期

西元前 100 年	→	1949 年	→	2014 年
最早的葡萄釀酒遺跡。		中華人民共和國宣布成立。		中國成為全球第二大葡萄酒生產國。

俄羅斯

蒙古

吉爾吉斯

石河子

吐魯番

甘肅

寧夏

河北

東北

哈爾濱

吉林

長春

瀋陽

北韓

興凱湖

呼倫湖

黑龍江

新疆

武威

賀蘭山

陝西

北京

石家莊

太原

天津

濟南

大連

煙台

渤海灣

山東

日本海

南韓

日本

青海

黃河

鄭州

江蘇

黃海

西安

陝西

小金

成都

四川

長江

武漢

重慶

南京

上海

東海

雅魯藏布江

尼泊爾

不丹

瀾滄江

雲南

薩爾溫江

湄公河

長沙

西江

廣州

香港

太平洋

印度

孟加拉國

緬甸

寮國

泰國

越南

孟加拉灣

北

中國擁有全球第二大的葡萄園,卻僅有10%的葡萄用於釀酒。不過,中國仍為全球第九大葡萄酒生產國。

0   250   500 km

中國葡萄酒的香氣

黑醋栗、薄荷、椰子

黑莓、香草、巧克力

綠胡椒、甘草、森林地表

芭樂、草莓、櫻桃

杧果、桃子、杏桃

卡本內蘇維濃

梅洛

龍蛇珠
(Cabernet Gernischt)
(卡門內爾)

馬瑟蘭
(Marselan)

夏多內

Aïrag de Mongolie

蒙古酸奶酒

發酵的馬奶乳汁介於食物和飲料之間，是蒙古的美食象徵。

酸奶酒首府
烏蘭巴托
（Oulan-Bator）

每年產量（百萬公升）
132

每公升酒精濃度
2.5%

起源

傳說這款飲料在馬背上誕生。擠乳後，乳汁放入獸皮製的水壺，回程路上，隨著馬匹步伐自然攪拌乳汁。抵達時，獵人發現壺內的乳汁變成略帶酒精感的白色氣泡飲料：酸奶酒（Aïrag）就此誕生。今日，人們會在前一年於牛皮製的大袋子中混合馬奶和酵母，然後搖晃攪拌。乳汁搖晃至乳化：這就是發酵的開端。**酸奶酒就像維繫火源，不可中斷**。家庭成員飲用酸奶酒後，會在其中加入乳汁，以維持固定份量。酒桶就放在屋子中央，經過的人會花點時間攪拌乳汁，以維持發酵，可延續一整季！

品飲

在蒙古，酸奶酒主要是男人聚集休閒時飲用，或是用於榮耀祖先靈魂的儀式中。如果你是訪客，人們會先給你菸草，接著是一杯茶，然後才是酸奶酒。酸奶酒也可以使用驢奶、駱駝奶或母馬奶製作。馬奶富含乳糖，最適合發酵，因此最常使用。製成的**酸奶酒顏色雪白，略帶氣泡**，帶有酸味並／或有苦味。雖然看不出來，酸奶酒卻非常滋補營養。Erüül mehdiin tölöö！

> 酸奶酒營養豐富，可恢復精力、強身健體、提振精神。

希臘歷史學家希羅多德
（Hérodote，西元前 484 ～ 425 年）

重要日期

西元前400年	1880年	1920年
希臘歷史學家希羅多德提及現今蒙古地區飲用發酵乳飲品。	俄羅斯作家托爾斯泰（Léon Tolstoï）寫道，希望以酸奶酒治療憂鬱。	引入共產主義，伏特加成為蒙古的國民飲料。

俄羅斯

Lac
Khövsgöl

SÜCHBAATAR

Lac Achit

Lac Uvs

MÖRÖN

ERDENET

DARHAN

ÖLGIY

ULAANGOM

Lac
Noir

HOVD

ULIASTAY

CHOYBALSAN

烏蘭巴托

BAYANHONGOR

ARVAYHEER

SAYNSHAND

中國

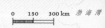
0   150   300 km   渤海灣

酸奶酒的香氣

扁桃仁奶、啤酒、乾草

酸奶酒

哺乳中的婦女會飲用酸奶酒，但是孕婦不可飲用。蒙古有兩間醫院只使用馬奶治療肺結核。

不同發酵時間的酸奶酒

年輕酸奶酒

發酵一日

溫和，略帶酸味，酒精濃度低

酒精濃度：1～0.3％

酸奶酒

發酵兩日

風味較酸味，酒精濃度低

酒精濃度：0.2～0.5％

老酸奶酒

發酵三日

強勁，香氣濃郁，較酸，酒精濃度高

酒精濃度：3％

Soju de Corée

韓國燒酒

燒酒是名符其實的社會現象，韓國全民不分階級年齡，任何場合都飲用。

燒酒首府
開城
（Kaesong）

每年產量（百萬公升）
900

每公升酒精濃度
20 ～ 45%

優質酒款每瓶價格
（350毫升）
2 歐元

起源

十三世紀正值蒙古人統治亞洲大陸的巔峰，他們幾乎占領從地中海到中國全境。蒙古人的後裔身處文化豐富的土地，有利於部分技術的流動與發展。尤**飲用燒酒是十** 其是蒸餾技術，這**足的社會現象** 項技術來自近東的波斯，並一路傳播至韓國，後者從十三世紀起開始以米製作蒸餾酒，起初做為藥用。

現代的燒酒不再須以米製作，也可以使用其他「澱粉食材」，如地瓜、樹薯或糖蜜。燒酒的容器外觀辨認度極高：就裝在綠色小玻璃瓶中，大量銷售。

飲用燒酒是十足的社會現象，南韓人在任何場合都會飲用，而且經常超量。根據《Quartz》雜誌的調查，南韓人平均每週喝下 13.7 杯一口杯燒酒，是俄羅斯人伏特加飲用量的兩倍。

品飲

燒酒是韓國特有的社會現象，經常在路邊小吃攤的「布帳」中飲用，可以與三兩好友坐下，迅速喝幾杯。即便有些韓國人過量飲用這款澄澈的酒飲，燒酒仍與傳統習俗緊密連結。絕對不可以為自己斟酒！無須等待太久，就會有人幫你裝滿酒杯，畢竟讓客人的酒杯空了是很無禮的行為。「一口乾」是重要傳統，鄰座的人大喊「keon-bae」或「one shot」（皆是乾杯之意）時，就是對全桌客人下挑戰，要大家一口喝乾酒杯。輪到你啦！Keon-bae！

> 在南韓，人人都喝燒酒，無論貧富。這是屬於所有社會階層的酒飲。飲用的速度很快，在敬酒、應酬或朋友之間皆然。

巴黎十三區百歲酒村餐廳（Bekseju Village）主廚 Jung Seung-Khyun

重要日期

13 世紀 → **1919 年** → **1965 ～ 1991 年**

韓國人向蒙古人習得蒸餾技術。

平壤建造第一間燒酒工廠。

這段時期南韓的米採配給制，無法以米製作燒酒。

俄羅斯

中國

清津
CHONGJIN

北

日本海

北韓

咸興
HAMHUNG

平壤
PYONGYANG

南浦
NAMPO

白翎島

開城

Chum Churum

高陽
KOYANG

首爾

仁川
INCHON

德積島

Chamisul

黃海

南韓

OZLinn

定州
CHONGJU

大田
TAEJON

大邱
TAEGU

全州
CHONJU

Cham

蔚山
ULSAN

釜山
BUSAN

光州
KWANGJU

C1

Ipsaeju

朝鮮海峽

日本

青山島

Hallasan

濟州

0   30   60 km

燒酒主要品牌

開城是韓國第一個於十三世紀時建滿蒸餾廠的城市，蒙古人在波斯取得製造亞力酒（大茴香烈酒）的技術，然後韓國習得蒸餾技術。這就是為何在開城與周邊地區，燒酒又叫做「Arak-Ju」。

Whisky japonais

日本威士忌

誰說威士忌只存在於英語世界？不到一百年，日昇之國一躍而成麥芽世界的主要角色。

日本威士忌首府
京都
（Kyoto）

每年產量（百萬公升）
68

每公升酒精濃度
40 ～ 50%

優質酒款每瓶價格
（1公升）
40歐元

起源

竹鶴政孝被認為是日本威士忌之父。在蘇格蘭學習兩年後，1932 年，他投入時間與一切知識，打造日本群島第一座蒸餾廠。結合蘇格蘭傳統和日本特有的嚴謹與精準，日本人生產的威士忌名列全球最常獲獎且深受喜愛的威士忌之列。溫和的氣候、純淨的水與酸沼，有**有利的風土得以生產不同凡響的佳釀** 利的風土得以生產不同凡響的佳釀。威士忌市場的競爭對手仍偏少，由少數領導品牌瓜分：三得利（Suntory）集團占全國產量 60%。

品飲

溫潤協調是日本威士忌的特色，是威士忌新手絕佳的入門酒款。別以為清爽風味就是缺乏個性。身為年輕的威士忌生產國，日本的長處就在**日本威士忌是新手的絕佳入門酒款** 於每個品牌都創造出自家的品飲方式。日本人以「高球」形式飲用威士忌：一份威士忌、少許冰塊、四份礦泉水或氣泡水。這款調酒簡單又大受歡迎，是為了促進日本人在餐間飲用威士忌而發明的行銷手法。我們建議常溫品飲威士忌，不加冰塊，不過可加入少許水，既能展現香氣又不過度稀釋酒液。Kampaï！

> 若說蘇格蘭的單一純麥是山間的激昂湍流，以香氣和風味殺出一片天，那麼日本威士忌就是一座澄澈見底的湖泊。

威士忌專家戴夫‧布魯姆
（Dave Broom）

重要日期

1854年 ➝ 1923年 ➝ 1984年

美國人馬修‧佩瑞（Matthew Perry）獻給日本天皇一瓶波本威士忌。	建造第一座日本威士忌蒸餾廠。	生產第一款日本單一麥芽威士忌。

部分日本威士忌並沒有那麼「日本」。事實上，當地法規允許蒸餾廠將含有蘇格蘭或美國威士忌的混調酒款稱為「威士忌」……。這也代表即使在櫻花國度，並非一切都是那麼美好。

Nikka余市蒸餾廠
Nikka - Yoichi

北海道

札幌

太平洋

南韓

朝鮮海峽

Nikka宮城峽蒸餾廠
Nikka - Miyagikyo

仙台

新潟

信州蒸餾廠
Shinshu

秩父
Chichibu

白州蒸餾廠
Hakushu

東京

橫濱

山崎蒸餾廠
Yamazaki

名古屋

知多蒸餾廠
Chita

富士御殿場蒸餾廠
Fuji Gotemba

白橡木蒸餾廠
White Oak

神戶

京都

大阪

堺市

濱松

廣島

岡山

福岡

四國

熊本

九州

鹿兒島

太平洋

北

⬤ 威士忌蒸餾廠

0   60   120 km

四大知名日本威士忌

紫丁香、丁香、杏桃、皮革

香草、蜂蜜、檸檬、甘草

白花、桃子、柳橙、煙燻

泥煤、煙燻、堅果、巧克力

NIKKA
原桶強度

Nikka蒸餾廠
調和威士忌

MARS
Cosmo

信州蒸餾廠
調和威士忌

山崎
十二年

山崎蒸餾廠
單一麥芽

余市
單一麥芽

余市蒸餾廠
單一麥芽

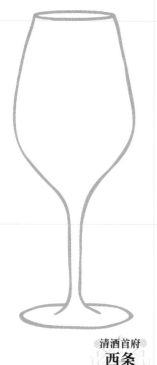

清酒首府
西条
（Saijo）

每年產量（百萬公升）
11

每公升酒精濃度
13 ～ 20%

優質酒款每瓶價格
15 歐元

Saké du Japon

日本
清酒

這款米製酒充滿豐富的古老技藝，是日本最傳統也最具代表性的酒飲。

起源

日本的櫻花樹並不會結櫻桃，因此生產當地酒飲還須依靠想像力，而日本群島的釀酒師選擇了米。兩千年前，要喝清酒之前，必須先……咀嚼。唾液會使米中的澱粉轉化為糖分，得以發酵。從此，生產者發現了「麴」，這是一種微生物真菌，可轉化米中所含的澱粉，使發酵得以進行。

杜氏的技藝、水和米的品質，都是製造優質清酒的關鍵因素。精米步合是重要的元素：米研磨得越小，清酒也越講究。有些清酒是純粹米發酵的結晶（純米酒），有些則是加入少許釀造酒精強化（本釀造）。最優質的清酒是有年份的，酒標會註明米的收成年份。

品飲

清酒是日本的驕傲。在日常生活與宗教儀式或慶典上都可見到其身影。清酒可分為兩大家族。第一種酸度低，帶有鮮明的花香和果香。第二種酸度較高，散發穀物氣息，酒體較豐盈。葡萄酒有葡萄品種，清酒則有米的品種，後者約有上百種。釀造用米和食用米是不同的：釀造用米顆粒較大，蛋白質含量低，但富含澱粉。清酒的香氣範圍極為美妙：從荔枝到李子，從白松露到碘味，甚至還有栗子香氣。這是全世界唯一能夠以不同溫度品飲的酒飲。清酒既可於攝氏 5 度冰涼飲用，也可於近乎滾燙的攝氏 55 度享用。以不同溫度品飲同一款清酒，是探索這款酒飲豐富性的絕佳方法。**Kampaï**！

葡萄酒有葡萄品種，清酒也有專用的米種

> 清酒之於身，俳句之於心。

日本作家種田山頭火

重要日期

1世紀	→	927年	→	12世紀
日本出現稻米種植，以及清酒。		佛教文本提及十大類清酒。		佛教寺廟和神社是釀造清酒的主要地點。

由於第二次世界大戰的糧食配給限制，1943 年起，為了減少米的用量，生產商不得不在清酒中加入釀造酒精。戰後雖然不再有限制，部分品牌仍使用這項技術。

鄂霍次克海

太平洋

北海道
Hokkaido
札幌

東北
Tohoku
仙台

甲信越
Koshin'etsu
新潟

北陸
Hokuriku

關東
Kanto
東京
橫濱

中國
Chugoku
岡山
廣島

京都
神戶
大阪
堺市
名古屋

東海地區
濱松

近畿
Kinki

南韓

福岡
西条

熊本

四國
Shikoku

九州
Kyushu
鹿兒島

太平洋

北

日本清酒生產大區／法定產區

0   60   120 km

清酒的五大溫度

同一款清酒以不同溫度飲用，會展現不同的香氣。
在日語中，每種侍酒溫度都有對應的詞彙。

5°C：雪冷，「如雪一般冰涼」
10°C：花冷，「如櫻花重新綻放時的冷涼」
15°C：涼冷，「如微風涼爽」
20°C：冷酒，「常溫」
30°C：日向，「日照的溫度」

35°C：人肌，「人類體溫」
40°C：暖，「溫熱」
45°C：上，「高度加溫」
50°C：熱，「熱燙」
55°C：飛，「極熱」

Shochu japonais

日本燒酎

不同於我們的想像，日本人喝掉的燒酎比清酒還多！

清酒首府
福岡
（Fukuoka）

每年產量（百萬公升）
833

每公升酒精濃度
20 ～ 35%

優質酒款每瓶價格
40歐元

起源

燒酎起初在九州島製造，如今日本各地皆有生產。南部較溫熱的氣候仍是最適合的產地。所有含澱粉的食材都可以用來製作燒酎，因此又稱為「日本伏特加」。不過燒酎的酒精濃度通常在 25%，遠不及俄羅斯的烈酒。選用的原料經過發酵、蒸餾再陳年。主要使用小麥、米、蕎麥或地瓜。玉米、花生、豌豆，甚至還有很少見的海帶。一如清酒，澱粉必須轉化為單醣，才能進行發酵。

這款酒飲的印象在日本社會歷經大大改變。過去燒酎的印象總離不開鄉下的年老工人，不過卻漸漸征服各式各樣的客群，從年輕人到都市人都有。

又稱為日本伏特加

品飲

燒酎可分為兩大類：「本格」燒酎為單式蒸餾；「類燒酎」品質較差，以較工業化的方式進行連續式蒸餾。

燒酎在日本以外的國家仍鮮為人知，不過隨著清酒潮流興起，以及整體日本飲食的流行，燒酎也開始出口。燒酎可以加冰水或熱水品飲。理化小知識：冰水密度比酒精高，熱水密度比酒精低。因此，準備冰涼燒酎時最後才倒水，熱燒酎則要先倒水！如此酒飲才會均勻混合。最傳統的飲法仍是添加冰塊，即在杯中放三、四顆冰塊。Kampaï！

> " 芋燒酎和米燒酎大不相同。"
>
> 東京女主廚坂本ゆかり

重要日期

16世紀 → 1605年 → 2019年

蒸餾技術傳至日本。　從菲律賓進口地瓜。　共有六百五十個日本品牌生產燒酎。

由於第二次世界大戰的糧食配給限制，1943 年起，為了減少米的用量，生產商不得不在清酒中加入釀造酒精。戰後雖然不再有限制，部分品牌仍使用這項技術。

郭霍次克海

北海道
Hokkaido
札幌

太平洋

東北
Tohoku
仙台

甲信越
Koshin'etsu
新潟

北陸
Hokuriku
關東
Kanto
東京
橫濱

南韓

中國
Chugoku
京都
名古屋
神戶
岡山
大阪
廣島
堺市
濱松
東海地區

西条

近畿
Kinki

福岡

四國
Shikoku

熊本

九州
Kyushu
鹿兒島

太平洋

日本清酒生產大區／法定產區

0　60　120 km

北

清酒的五大溫度

同一款清酒以不同溫度飲用，會展現不同的香氣。
在日語中，每種侍酒溫度都有對應的詞彙。

5°C：雪冷，「如雪一般冰涼」
10°C：花冷，「如櫻花重新綻放時的冷涼」
15°C：涼冷，「如微風涼爽」
20°C：冷酒，「常溫」
30°C：日向，「日照的溫度」

35°C：人肌，「人類體溫」
40°C：暖，「溫熱」
45°C：上，「高度加溫」
50°C：熱，「熱燙」
55°C：飛，「極熱」

153

Shochu japonais

日本燒酎

不同於我們的想像，日本人喝掉的燒酎比清酒還多！

清酒首府
福岡
（Fukuoka）

每年產量（百萬公升）
833

每公升酒精濃度
20 ～ 35%

優質酒款每瓶價格
40歐元

起源

燒酎起初在九州島製造，如今日本各地皆有生產。南部較溫熱的氣候仍是最適合的產地。所有含澱粉的食材都可以用來製作燒酎，因此又稱為「日本伏特 **又稱為日本伏特加** 加」。不過燒酎的酒精濃度通常在 25%，遠不及俄羅斯的烈酒。選用的原料經過發酵、蒸餾再陳年。主要使用小麥、米、蕎麥或地瓜。玉米、花生、豌豆，甚至還有很少見的海帶。一如清酒，澱粉必須轉化為單醣，才能進行發酵。

這款酒飲的印象在日本社會歷經大大改變。過去燒酎的印象總離不開鄉下的年老工人，不過卻漸漸征服各式各樣的客群，從年輕人到都市人都有。

品飲

燒酎可分為兩大類：「本格」燒酎為單式蒸餾；「類燒酎」品質較差，以較工業化的方式進行連續式蒸餾。

燒酎在日本以外的國家仍鮮為人知，不過隨著清酒潮流興起，以及整體日本飲食的流行，燒酎也開始出口。燒酎可以加冰水或熱水品飲。理化小知識：冰水密度比酒精高，熱水密度比酒精低。因此，準備冰涼燒酎時最後才倒水，熱燒酎則要先倒水！如此酒飲才會均勻混合。最傳統的飲法仍是添加冰塊，即在杯中放三、四顆冰塊。Kampaï！

" 芋燒酎和米燒酎大不相同。"

東京女主廚坂本ゆかり

重要日期

16世紀　→　1605 年　→　2019 年

蒸餾技術傳至日本。　　從菲律賓進口地瓜。　　共有六百五十個日本品牌生產燒酎。

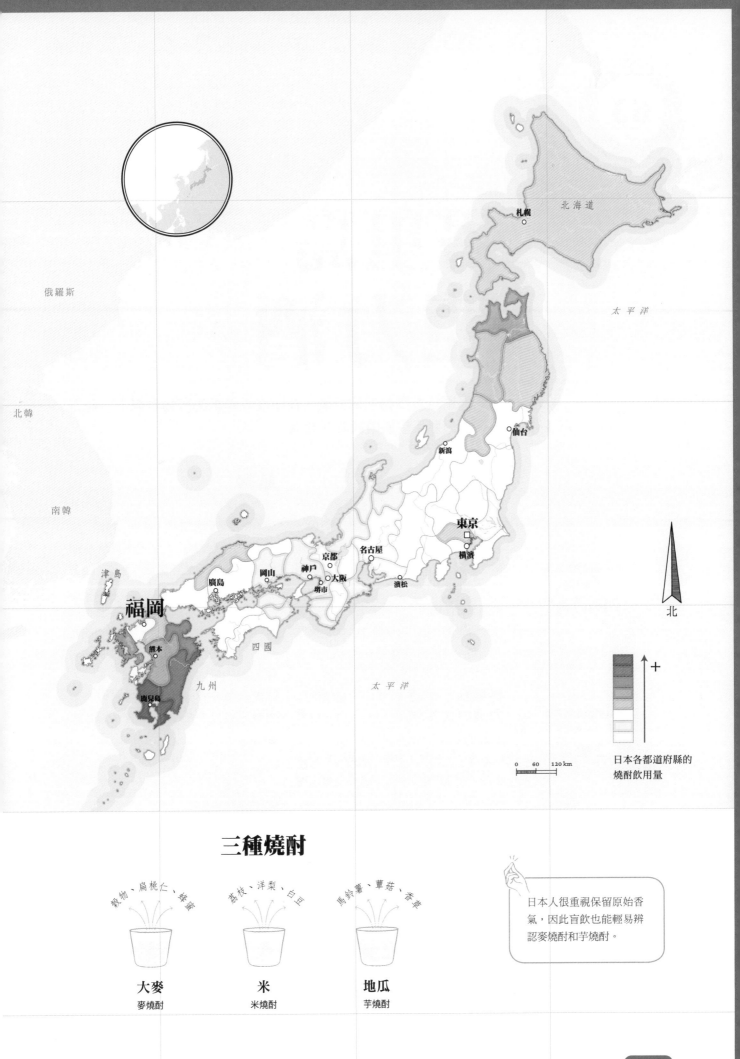

俄羅斯

太平洋

北海道

札幌

北韓

仙台

新潟

南韓

東京

横濱

京都　名古屋

岡山　神戶

津島

廣島　　大阪

福岡

堺市

濱松

熊本

四國

太平洋

九州

鹿兒島

北

日本各都道府縣的
燒酎飲用量

0　60　120 km

三種燒酎

穀物、扁桃仁、咖啡

荔枝、洋梨、白豆

馬鈴薯、蕈菇、香草

日本人很重視保留原始香
氣，因此盲飲也能輕易辨
認麥燒酎和芋燒酎。

大麥
麥燒酎

米
米燒酎

地瓜
芋燒酎

Arak de Bali

峇里島
亞力酒

這是峇里島廣受歡迎的烈酒。在印度教神祇的警惕注視下，亞力酒陪伴每個人生命中的時時刻刻。

峇里島亞力酒首府
丹帕沙
（Denpasar）

每公升酒精濃度
35 ～ 50%

優質酒款每瓶價格
（750毫升）
2 歐元

起源

印尼飲用亞力酒（Arak）已有數百年歷史，然而起源仍是謎團。在成分方面，峇里島的亞力酒和近東的亞力酒（葡萄、大茴香）毫無關係。不過這款烈酒卻是以發酵的植物汁液蒸餾而成。汁液主要來自棕櫚樹汁與椰子汁，印尼產量極大的米則是較罕見的原料；印尼人崇拜稻穀女神戴維詩麗（Dewi Sri），在印度教儀式中會將亞力酒灑在土地上。

峇里島才是亞力酒的大本營 雖然印尼處處飲用亞力酒，但峇里島才是這款酒飲的大本營，在東部的村莊以傳統工法製作。不過由於劣質私造酒有毒，甚至致命，手工和家庭蒸餾因而漸漸消失。

品飲

亞力酒價格不高又強勁，最常混調飲用，主要有兩種方式：與水、檸檬、青檸混合，就變成「亞力馬杜」（Arak Madu）；與柳橙汁混合，就是「亞力攻擊」（Arak Attack）。在進行印尼的傳統鬥雞時，亞力酒是極受歡迎的酒飲，陪伴下注者的狂熱激情。亞力酒在印度教的宗教典禮中非常普遍，許多品牌還會使用印度教神明的形象。

旅館大量使用亞力酒，為西方遊客調製水果風味的香甜調酒。Selamat minum！

相傳任何飲用過量亞力酒的
人，冉達（Rangda）會造訪
他的夢境。冉達是峇里島神
話中的無情女巫與惡魔之后。

亞力馬杜
ARAK MADU

－亞力酒 50 毫升
－青檸汁 20 毫升
－蜂蜜 20 毫升
－水 10 毫升

所有材料與冰塊混合均勻。取
一片青檸裝飾，即可享用！

亞力攻擊
ARAK ATTACK

－亞力酒 40 毫升
－石榴糖漿 10 毫升
－柳橙汁

亞力酒和石榴糖漿倒入裝滿
冰塊的杯中。倒滿柳橙汁。
即可享用！

大洋洲

十六世紀初，歐洲人抵達地球的這一端。在此之前，由於缺乏文字紀錄，使得歷史研究幾乎是不可能的任務。紐西蘭是地球上最後一處被人類發現的區域之一。即使面積廣博，大洋洲的人口卻只有法國的一半。澳洲南部與紐西蘭兩島美妙風土出產的葡萄酒，讓大洋洲脫穎而出。今日，這兩個國家是葡萄酒「新世界」中的佼佼者。

澳洲希哈

紐西蘭白蘇維濃

澳洲希哈茲首府
阿得雷德
（Adelaide）

每年產量（百萬公升）
400

每公升酒精濃度
13 ～ 14.5%

優質酒款每瓶價格
（1公升）
17 歐元

> 如果要將澳洲葡萄酒的精髓濃縮在一個詞裡，「風味」絕對是腦海中浮現的詞彙。
>
> 葡萄酒地理學家拉斐爾·希爾莫
> （Raphaël Schirmer）

Shiraz d'Australie

澳洲希哈

如果必須以一個葡萄品種代表澳洲，那絕對非希哈（Syrah）莫屬，在這全球最大的島嶼上，又名「Shiraz」。

起源

1824 年，詹姆斯·布斯比（James Busby）陪同受皇命到澳洲工作的雙親遠赴該殖民地，利用機會在獵人谷（Hunter Valley）實驗先前在法國研究的葡萄種植。人人稱他為澳洲葡萄種植之父，原產於隆河谷地的希哈葡萄品種也是由他引進，澳洲人稱為「Shiraz」。這是澳洲種植最廣的品種（占 40%），遠超過卡本內蘇維濃、夏多內、麗絲玲和榭密雍。希哈的遍布歸因於該品種對 **澳洲種植最** 於澳洲多樣化氣候的 **廣的品種** 強大適應力。不過在氣候較冷涼的塔斯馬尼亞卻很少見。希哈在墨爾本附近的維多利亞（Victoria）葡萄園極為常見，在澳洲最西邊的瑪格麗特河（Margaret River）亦然，不過在阿得雷德西北邊的巴羅沙河谷（Barossa Valley），也就是澳洲最具代表性的葡萄產區，此處的希哈最能表現果香、豐美又強勁的個性。

品飲

希哈可單一釀造或混調（卡本內蘇維濃、慕維得爾、格那希），各種品質的葡萄酒製作都可使用，從最高級到最商業化皆有。最優質的澳洲紅酒經常是單一品種的希哈。此品種也用於釀造粉紅酒。

香氣帶有胡椒與李子調性，色澤深濃具紫色反光，這些都是希哈最有特色的元素。希哈極適合搭配肉類料理，如烤羔羊、野味與禽類等。Cheers！

重要日期

1788 年 ➝ **1832 年** ➝ **1839 年** ➝ **2000 年**

澳洲首度種植葡萄藤。　詹姆斯·布斯比從歐洲帶來不同品種的葡萄插條，包括希哈。　希哈推廣至澳洲南方。　以「澳洲希哈」聞名全球。

北

South Burnett

昆士蘭
Queensland

○布里斯本

Granite Belt

Hastings River

南澳洲
South Australia

新南威爾斯
New South Wales

Hunter
Orange

○NEWCASTLE

Southern Flinders Ranges

西澳洲
Western Australia

Swan District

伯斯○
Peel

Geographe

Margaret River
Manjimup Great Southern
Pemberton

大澳洲灣

Clare Valley *Riverland* *Murray Darling*

Barossa Valley

阿得雷德○

McLaren Vale

Swan Hill

Kangaroo Island

Coonawarra

Henty

愛麗絲泉
ALICE SPRINGS ○

Riverina

Gundagai

Tumbarumba

○雪梨

Shoalhaven Coast

Rutherglen

坎培拉□

奧伯○

Goulburn Valley

Macedon Ranges

Yarra Valley

○墨爾本

Mornington Peninsula

維多利亞
Victoria

塔斯曼海

North Coast

朗塞斯頓○
East Coast

Derwent Valley

Huon

荷巴特○

塔斯馬尼亞
Tasmanie

CAIRNS ○

TOWNSVILLE ○

MACKAY ○

0   150   300 km

澳洲希哈的香氣

黑胡椒、尤加利葉、
辛香料、巧克力

巴羅沙河谷
麥克雷倫谷（McLaren Vale）

辛香料、丁香、甘草、
李子、黑莓

瑪格麗特河

知名的酒評家羅伯・帕
克（Robert Parker）給
奔富酒莊（Penfolds）的
「Grange Shiraz 2008」
酒款完美的一百分。一
瓶要價 784.99 澳幣。

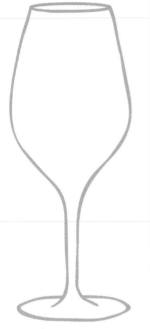

Sauvignon blanc de Nouvelle-Zélande

紐西蘭
白蘇維濃

波爾多葡萄品種在地球的另一端大鳴大放，呈現令人驚豔的美妙香氣。

紐西蘭白蘇維濃首府
布倫海姆
（Blenheim）

每年產量（百萬公升）
219

每公升酒精濃度
13％

優質酒款每瓶價格
（750毫升）
15歐元

起源

1050 年，紐西蘭首先被毛利人占領；1788 年，全島遭受歐洲殖民。此地嘗試種植多個葡萄品種，其中以法國品種表現最佳，最適應該國的風土：黑皮諾、夏多內和白蘇維濃。白蘇維濃的成果尤其令人出色，很快便成為紐西蘭葡萄酒的象徵。習慣冷涼氣候的品種，在夏季炎熱的國家究竟會成為什麼模樣？多虧縱向跨越南島的南阿爾卑斯山脈（可別**源自法國的**與歐洲的阿爾卑斯山**品種擁有最**混淆了），東岸不受西**佳表現**岸的濕氣侵襲，這也是為何葡萄園集中在南島東部。來自海洋的溫和微風越過起伏的地形，賦予白蘇維濃良好的成熟度與絕佳的精準度。

品飲

白蘇維濃在松塞爾（Sancerre）或貝沙克—雷奧良（Pessac-Léognan）名氣較大，在南半球釀造出香氣奔放的葡萄酒，散發百香果、葡萄柚、剛割下的青草與綠胡椒氣息。紐西蘭的白蘇維濃不是陳放型的酒款，可保存一至三年，適飲溫度為攝氏 7～11 度。建議搭配生蠔、魚類或山羊乳酪享用。Cheers！

" 紐西蘭將為葡萄酒世界增色。"

基督教傳教士山謬・馬斯登
（Samuel Marsden，1765～1838 年）

重要日期

1820年 ⟶ **1945年** ⟶ **1980年**

島上出現葡萄種植	第二次世界大戰後，葡萄園面積增加一倍。	紐西蘭成為新世界最佳葡萄酒產區之一。

南太平洋

北島
Northland

WHANGAREI

奧克蘭
Auckland

Matakana
奧克蘭市
AUCKLAND

Ile Waiheke

曼努考
MANUKAU

北島

豐盛灣
Bay of Plenty

HAMILTON

TAURANGA

ROTORUA

懷卡托
Waikato

TAUPO
Lac Taupo

吉斯本
Gisborne

Hillsides

Manutuke
Coastal Areas

NEW PLYMOUTH

塔斯曼海

HAWERA

Alluvial Plains

NAPIER *Baie*
Hawke

WANGANUI

HASTINGS

霍克灣
Hawke's Bay

PALMERSTON NORTH

尼爾森
Nelson

NELSON

Gladstone
Martinborough
LOWER HUTT

馬爾堡
Marlborough

Wairau Valley
Awatere Valley
WELLINGTON

庫克灣

懷拉拉帕
Wairapara

Clarence

坎特伯里
Canterbury

懷帕拉
Waipara Valley

南島

Canterbury Plains

Rakaia

CHRISTCHURCH

北

ASHBURTON

南阿爾卑斯山

Waitaki Valley

TIMARU

QUEENSTOWN

Waitaki

Wanaka
Bendigo
Gibbston
Bannockburn
Alexandra

Lac Te Anau

OAMARU

中奧塔哥
Central Otago

GORE

DUNEDIN

INVERCARGILL

斯圖爾特島

0　40　80 km

馬爾堡（Marlborough）位於
南島的北部，近四十年來才開
始生產葡萄酒，不過全國 90%
白蘇維濃產量皆出於此地。

不同產區白蘇維濃的主要香氣

蘋果

綠胡椒

百香果

檸檬

霍克灣
種植面積：944公頃

懷拉拉帕
種植面積：323公頃

馬爾堡
種植面積：19,047公頃

坎特伯里
種植面積：395公頃

哥斯大黎加瓜羅酒

南美洲皮斯可

巴西卡夏莎

阿根廷多隆特絲

智利卡門內爾

門多薩馬爾貝克

拉丁美洲

西班牙人抵達拉丁美洲以前的文明，曾生產一種以龍舌蘭發酵並做為宗教用途的酒飲：普逵酒（Pulque）。直到西班牙人抵達，才有了最初的蒸餾。不過，後來卻是葡萄酒征服了拉丁美洲。西班牙、義大利、葡萄牙和法國殖民者的行囊也帶上了家鄉的葡萄品種與釀酒知識。他們很快便發覺這塊大陸的葡萄酒潛力，主要位於阿根廷的門多薩。

卡門內爾首府
聖地牙哥
（Santiago）

每年產量（百萬公升）
77

每公升酒精濃度
14%

優質酒款每瓶價格
（750毫升）
8 歐元

Carménère du Chili

智利
卡門內爾

遭受破壞、遺忘、混淆，然後被重新迎為座上賓，卡門內爾的歷史與香氣一樣豐富，為智利的葡萄園帶來真正的認同感。

起源

敘述智利卡門內爾（Carménère），就是在描述一段生存與重生的故事。卡門內爾品種源自於波爾多葡萄產區的梅多克，又以「大維督爾」（Grande Viture）之名為人所知，並在十九世紀末的根瘤蚜蟲毀滅浪潮中消失。造成這場幾乎遍及全球葡萄園災害的美洲病蟲，卻放過了智利葡萄園，卡門內爾被誤認為梅洛，**卡門內爾生存** 爾被誤認為梅洛，**與重生的故事** 並隱入梅洛植株之間，在大西洋的另一端被完全遺忘。1991 年，法國釀酒師兼大學研究員克勞德·瓦拉（Claude Valat）注意到智利的梅洛地塊上部分植株的差異。這些葡萄果粒較大，葉片顏色不同，成熟也較慢。經過三年研究，他們終於發現這些葡萄的真正身分：這些是卡門內爾植株，由智利的政治與文學重要人物席維斯特·歐卡加維亞（Don Silvestre

Ochagavía）在十九世紀從法國帶回，此品種能夠存活也要歸功於他。這項發現對智利酒農產生了很大影響，他們重新規畫地塊，種植卡門內爾，使其成為智利葡萄酒的象徵。

品飲

自從重新發現卡門內爾，智利酒農便致力於生產 100% 卡門內爾的葡萄酒，呈現圓潤風味、透著紫色色澤、口感肥厚並有辛香料風味。卡門內爾熟透後才採收，散發黑色水果、煙燻和可可香氣。提早採收時，則偏植物和青草氣息。雖然很難與料理完美搭配，燒烤肉類和帶辣味的醬料能與酒款的強勁風味匹敵。
¡Salud!

重要日期

1548年 → 1818年 → 1994年

智利開始種植葡萄與釀造葡萄酒。

智利獨立，發展葡萄園。

科學證實智利葡萄園中卡門內爾的真實身分。

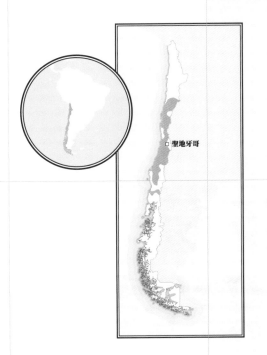

南太平洋

阿他加馬
Atacama

○ COPIAPÓ

Copiapó

Huasco

柯金博
Coquimbo

LA SERENA

COQUIMBO

Elqui

Elqui

北

○ OVALLE
Limarí

Choapa

阿空加瓜
Aconcagua

Aconcagua

SAN FELIPE ○

VIÑA DEL MAR ○
VALPARAÍSO ○

Maipo

Casablanca

□ 聖地牙哥

San Antonio

SAN BERNARDO

RANCAGUA

Colchagua

Cachapoal

中央山谷
Vallée centrale

CURICÓ ○

Curicó

TALCA ○

Maule
Maule

LINARES ○

Itata

TALCAHUANO ○

○ CHILLÁN

CONCEPTÍON ○

Bío Bío

LOS ÁNGELES ○

阿根廷

南部產區
Région sud

Malleco

Cautín

○ TEMUCO

奧斯特拉
Région australe

○ VALDIVIA

Osorno

OSORNO ○

PUERTO MONTT ○

0   50   100 km

其他
2%

義大利
8%

中國
12%

智利
78%

世界各地的卡門內爾種植比例

卡門內爾占智利葡萄
園的 10%，因此並非
種植最廣泛的品種，
不過卻是最能代表智
利葡萄酒的品種。

馬爾貝克首府
門多薩
（Mendoza）

每年產量（百萬公升）
300

每公升酒精濃度
13 ～ 14%

優質酒款每瓶價格
（750毫升）
8 歐元

門多薩，陽光與美酒之地！

取自阿根廷歌曲

Malbec de Mendoza

門多薩
馬爾貝克

此品種源自法國西南部，與門多薩高地的炎熱氣候一拍即合。

起源

在討論馬爾貝克（Malbec）之前，必須先說明阿根廷葡萄園是拉丁美洲占地最廣的葡萄產區。抵達智利後，葡萄園很快就遍地開花，以滿足宗教信仰所需與全國的飲用量。經過一段大量生產 **全國70%的** 品質平庸葡萄酒之時 **葡萄園都集** 期後，阿根廷決定跟著 **中在門多薩** 隨智利，轉為將品質視為優先。1980 年起，隨著全球各地的投資者到來，阿根廷的葡萄園重新劃分，面積也跟著縮水。

全國 70% 的葡萄園集中在門多薩。此處主要種植馬爾貝克，該品種來自法國，1868 年透過法國農學家米歇爾·普傑（Michel Pouget）引進。由於根瘤蚜蟲和霜黴病，馬爾貝克在法國的影響力逐漸下滑，卻在門多薩找到「理想」的風土。炎熱、陽光和涼爽的夜晚，一切都像極了馬爾貝克的家鄉法國西南部。阿根廷的馬爾貝克占全球三分之二的種植量，可以說已成為此品種最鍾意之地。

品飲

馬爾貝克釀造的葡萄酒色澤極深（過去英國人暱稱為「黑酒」〔black wine〕），單寧強勁，香氣馥郁，若成熟時採收，將帶有辛香料、乾果、黑醋栗和李子香氣，而且極具陳放潛力。

在阿根廷，這是國家級紅酒，是搭配阿根廷傳統烤肉「Asado」（將肉塊放在燒紅的炭火上慢慢烤熟）不可或缺的酒飲。¡Salud!

重要日期

1551年 → 1868年 → 1980年

阿根廷出現葡萄種植與釀造。	米歇爾·普傑將馬爾貝克引進阿根廷。	阿根廷實施轉型，以品質吸引國際。

門多薩
布宜諾斯艾利斯

盧漢 / 邁普 / 門多薩
Luján / Maipú / Mendoza

LAVALLE

Mendoza nord

LAS HERAS

門多薩

Maipú est

Luján / Maipú

SAN MARTÍN

JUNÍN

Luján ouest

Mendoza est

RIVADAVLA

Rio Mendoza sud

Uco Valley ouest

LA PAZ

TUPUNGATO

Uco Valley centre

烏克河谷
Uco Valley

TUNUYÁN

LA CONSULTA

SAN CARLOS

San Carlos

智利

北

SAN RAFAEL

聖拉斐爾
San Rafael

GENERAL ALVEAR

EL NIHUIL

阿根廷

0 10 20 km

1853 年 4 月 17 日是阿根廷第一
所農學院的開幕日期，由將馬
爾貝克引進阿根廷的米歇爾・
普傑成立。自此，每年 4 月 17
日，人們都會慶祝馬爾貝克世
界日（Malbec World Day）。

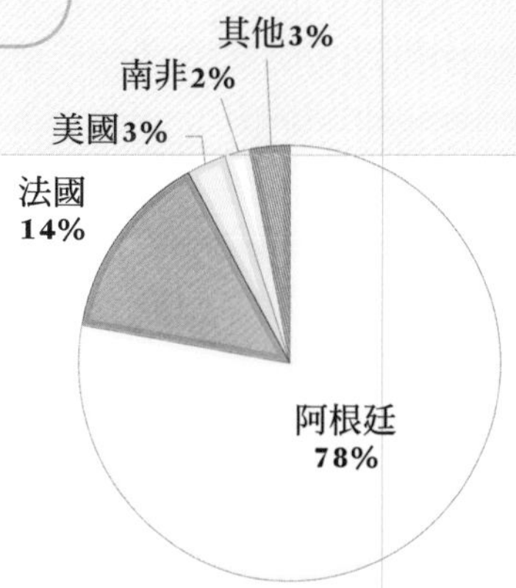

其他 3%

南非 2%

美國 3%

法國
14%

馬爾貝克的香氣

黑色水果、黑辣椒、
李子、森林莓果、
香草、葡萄乾

阿根廷
78%

世界各地的馬爾貝克
種植比例

馬爾貝克

169

阿根廷多隆特絲首府
卡法亞特
（Cafayate）

每年產量（百萬公升）
150

每公升酒精濃度
13.5%

優質酒款每瓶價格
（750毫升）
10歐元

這款葡萄酒如此迷人，令味蕾
陶醉，有誰會不喜歡呢？

侍酒師艾曼紐・德瑪
（Emmanuel Delmas）

Torrontés d'Argentine

阿根廷 多隆特絲

此品種從南到北皆出產，有如阿根廷白葡萄酒的大使。

起源

雖然多隆特絲（Torrontés）的數量不及馬爾貝克，卻是最具阿根廷風情的白葡萄品種，一切與它神祕的身世起源脫不了關係。它是阿根廷品種嗎？

多隆特絲是阿根廷品種嗎？或許吧或許吧……。人們發現多隆特絲與亞歷山大蜜思嘉（Muscat d'Alexandrie）和克里奧恰卡（Criolla Chica）品種的親緣關係，兩者證實皆由西班牙人引進。也許多隆特絲是在阿根廷誕生的混種？雖然仍無法確認，不過阿根廷是全世界唯一種植多隆特絲的國家。

多隆特絲品種抵抗力佳又多產，在氣候條件乾燥又有強烈日照的地方生命力特別旺盛。阿根廷葡萄園處處能見到它，不過在薩爾塔（Salta）南邊、海拔超過 1,500 公尺的卡法亞特河谷最密集。多隆特絲有三種產區酒款，分別以阿根廷的三個葡萄種植區命名：門多薩、聖

胡安（San Juan）和利奧哈（Rioja）。三者之中，以利奧哈的香氣最濃郁，能製作出最細緻的酒款。長久以來，多隆特絲釀造的葡萄酒被認為平淡無奇、帶苦味又粗糙，不過在部分門多薩和卡法亞特酒莊們的努力下，品質越來越好。

品飲

色澤是美麗的麥稈黃，散發此品種特有的桃子、葡萄和橙花氣息，香氣很接近阿爾薩斯的格烏茲塔明娜（Gewurztraminer）。由於酒精濃度**適合與開胃菜一同享用**高（13.5% 左右），多隆特絲適合在一餐的開始飲用，可喚醒味蕾！與甜瓜或生食前菜、甲殼類和烤魚非常搭配。甜點方面，可用於水果沙拉或百香果水果慕斯中。這款香氣馥郁的葡萄酒等著各位來發掘。¡Salud!

重要日期

1551年 → 18世紀 → 1850年

阿根廷出現葡萄種植。	亞歷山大蜜思嘉遍布阿根廷的葡萄園。	「Torrontés」一名的書寫紀錄首度出現。

布宜諾斯艾利斯

智利

太平洋

薩爾塔
Salta

JUJUY

SALTA

El Arenal

Molinos

Cafayate

Colalao del Valle

Ciudad Sagrada
de Quilmes

Amaicha

TUCUMÁN

Los Alisos

Belén

Andalgalá

SANTIAGO
DEL ESTERO

Fiambalá

Aimogasta

卡塔馬卡
Catamarca

Villa San José de Vinchina

Anillaco

CATAMARCA

Villa Unión

Famatina

拉利奧哈
La Rioja

Guandacol

LA RIOJA

Achango

San José de Jáchal

San Agustín del Valle Fértil

Tullum

聖胡安
San Juan

CÓRDOBA

SAN JUAN

San Juan

SANTA FÉ

Pedernal

Maipo

門多薩

Luján de Cuyo

RÍO
CUARTO

East Mendoza

SAN LUIS

羅沙略
ROSARIO

GODOY CRUZ

SAN
MARTÍN

MERCEDES

Uco Valley

門多薩
Mendoza

SAN
RAFAEL

San Rafael

Colorado

Alto Valle del Río Colorado

San Patricio del Chañar

巴塔哥尼亞
Patagonia

BAHÍA
BLANCA

Neuquén

NEUQUEN

Río Colorado

Upper Río Negro Valley

Lower Río Negro Valley

Río Negro

Limay

SAN CARLOS
DE BARILOCHE

0   75   150 km

北

Pilcomayo

多隆特絲的香氣

橙花、香蕉、柑橘、
白桃、玫瑰、
洋甘菊

卡法亞特河谷的夜
晚極冷,與炎熱的白
天成對比,對此品
種非常有益,可使果
粒保持清爽和酸度。

多隆特絲

Singani bolivien

玻利維亞席甘尼

席甘尼等同玻利維亞的皮斯可，訴說西班牙殖民的歷史與高海拔谷地歷久不衰的葡萄種植。

起源

席甘尼（Singani）在玻利維亞的起源時間，恰巧與葡萄出現的時間點吻合：十六世紀最初抵達的耶穌會人士與傳教士為宗教用途種植。殖民者最早的葡萄種植區域符合今日玻利維亞的葡萄園：在玻利維亞南邊，沿著安地斯山脈，從海拔 1,600 ～ 3,000 公尺處。這些地理和氣候條件產出的葡萄由於糖度非常集中，因此難以保存。人們便想到可以將適應乾熱氣候的亞歷山大蜜思嘉製成的葡萄酒蒸餾成烈酒。

波托西（Potosí）地區在十七世紀開採銀山的礦藏，使經濟快速成長，加速周邊葡萄園的發展，同時生產葡萄酒和席甘尼。今日，葡萄園已現代化，席甘尼也臻至完美。同時釀造葡萄酒和蒸餾席甘尼的酒莊並不少見，席甘尼一大部分的消費者仍為玻利維亞人民。

品飲

席甘尼通常純飲。如果品質優良，會散發優雅香氣，帶有些許亞歷山大蜜思嘉的調性。少數頂尖酒莊出產的極優質席甘尼，經過三次蒸餾，並陳放數年。

席甘尼也是絕佳的調酒材料，為其打響名氣的酒款包括丘伏萊（Chuflay）、黑斗蓬（Poncho Negro）或席甘尼沙瓦（Singani Sour，等同皮斯可沙瓦）。還有一款調酒是波托西礦工為了抵禦濕冷而發想的，做法是混合牛奶、肉桂、蛋白和席甘尼。這款玻利維亞格羅格酒（Grog）要熱飲。Salud ！

席甘尼首府
波托西
（Potosí）

每年產量（百萬公升）

4

每公升酒精濃度
40%

優質酒款每瓶價格
（700毫升）
20 歐元

重要日期

16世紀 → 1950年 → 1992年

歐洲傳教士抵達玻利維亞。

玻利維亞葡萄園開始現代化。

奠定法定產區命名，以保護部分席甘尼。

北

RIBERALTA
巴西

秘魯

Abuna

Beni

Lac de
San Luís

Iténez

San Pablo

TRINIDAD

拉巴斯
La Paz

的的喀喀湖

LA PAZ
EL ALTO

科恰班巴
COCHABAMBA

ORURO

LLALLAGUA

MONTERO

SAN IGNACIO

Lac
Conception

SANTA CRUZ
DE LA SIERRA

聖克魯斯
Santa Cruz

蘇克雷
SUCRE

波托西
POTOSÍ

CAMIRI

丘基薩卡
Chuquisaca

TUPIZA

TARIJA

塔里哈
Tarija

巴拉圭

智利

阿根廷

0   100   200 km

丘伏萊
CHUFLAY

－席甘尼 70 毫升
－薑汁汽水 210 毫升
－青檸片數片
－冰塊
－青檸汁

席甘尼沙瓦
SINGANI SOUR

－席甘尼 60 毫升
－檸檬汁 20 毫升
－接骨木糖漿 20 毫升
－葡萄 5 顆

波托西城由於巨大的
銀山而富裕且名氣響
亮，1630 年的住民超
過巴黎或倫敦。因此
當然需要種些葡萄以
滿足為數眾多的人口。

杯底放兩顆冰塊。倒入席甘尼，然
後倒入薑汁汽水。加入數滴青檸
汁。在調酒中放一片青檸片。立即
飲用。

席甘尼、檸檬汁、接骨木糖漿放
入雪克杯搖盪均勻。搗碎葡萄果
粒，倒入調酒。以葡萄果粒裝飾。
搭配冰塊飲用。

Cachaça du Brésil

巴西
卡夏莎

卡夏莎在歐洲鮮為人知，卻是全世界飲用量數一數二的酒類。來瞧瞧這款蘭姆酒的表妹吧。

席甘尼首府
薩利納斯
（Salinas）
———
每年產量（百萬公升）
1,200
———
每公升酒精濃度
38 ～ 48%
———
優質酒款每瓶價格
（700毫升）
15 ～ 25 歐元

起源

卡夏莎（Cachaça）的歷史與巴西的黑暗奴隸時代相呼應。十六世紀時，奴隸們飲用沸騰取得的甘蔗汁。接著，農民開始發酵甘蔗汁，並私下蒸餾汁液：卡夏莎就此誕生。1649 年，由於卡夏莎太受歡迎，光芒幾乎蓋過歐洲葡萄酒，葡萄牙殖民者試圖禁止巴西販售卡夏莎。然而，葡萄牙帝國白費苦心，卡夏

卡夏莎是南美洲產量最高的蒸餾酒 莎持續發展，並且快速成為南美洲產量最高的蒸餾酒，證明卡夏莎是巴西的國家象徵：一年有多少天，卡夏莎的暱稱就有多少種。今日，無數農田仍擁有蔗糖磨坊，以蒸餾自家的卡夏莎。

品飲

卡夏莎的品質可分為兩大種。品質較低的會搭配青檸檬和糖，做為國民調酒飲用，即卡琵莉亞（Caïpirinha）；優質卡夏莎由於經過桶陳，較高雅複雜，用於純飲。卡夏莎是唯一可以使用不同木材陳年的烈酒，例如巴西良木豆（amburana）、卡林玉蕊木（jequitibà）、土垠木（ipê）、塔匹諾昂木（tapinhoã）。保證具有風土效果！這項特色為卡夏莎增添許多香氣。出口的卡夏莎只占 1% 產量。因此，要品嘗卡夏莎最簡單的方法，就是直接到巴西！Saùde！

蘭姆酒說西班牙語或法語，卡夏莎則高唱葡萄牙語。

俗諺

重要日期

16世紀	→	1532年	→	1991年
巴西被殖民。葡萄牙人在此地種植甘蔗。		聖保羅地區出現最早的蒸餾甘蔗遺跡。		里約熱內盧成立第一間卡夏莎博物館。

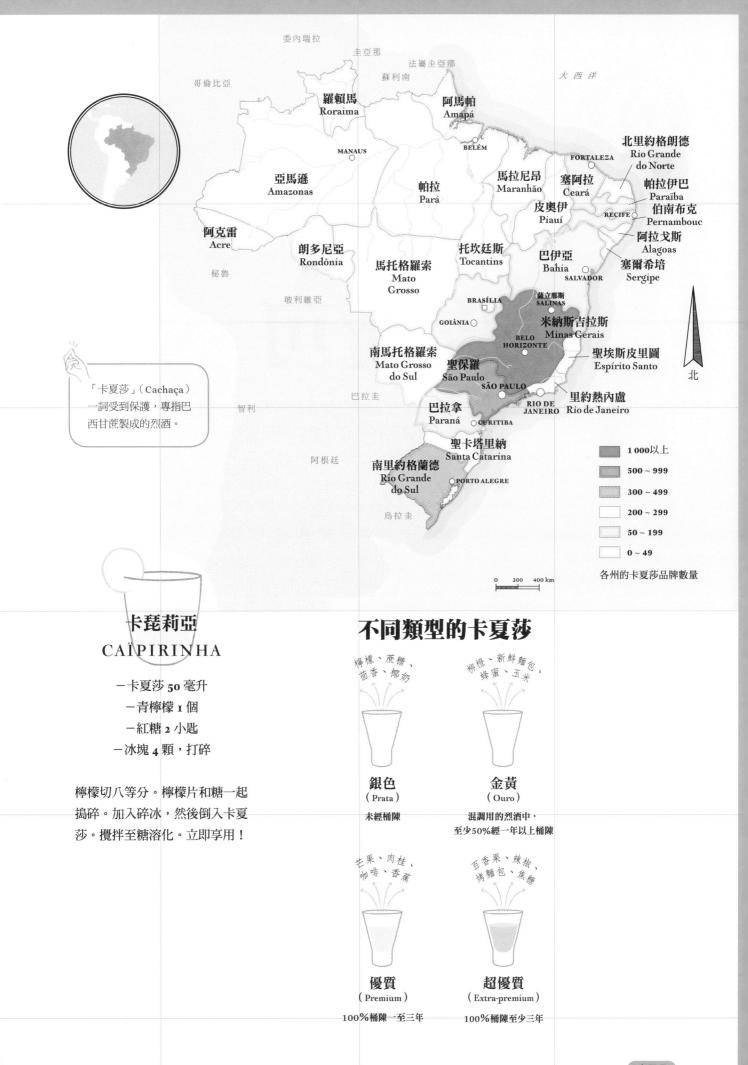

委內瑞拉
圭亞那
法屬圭亞那
蘇利南
哥倫比亞
大西洋

羅賴馬
Roraima

阿馬帕
Amapá

MANAUS

BELÉM

FORTALEZA

北里約格朗德
Rio Grande
do Norte

亞馬遜
Amazonas

帕拉
Pará

馬拉尼昂
Maranhão

塞阿拉
Ceará

帕拉伊巴
Paraïba

阿克雷
Acre

皮奧伊
Piauí

RECIFE

伯南布克
Pernambouc

朗多尼亞
Rondônia

馬托格羅索
Mato
Grosso

托坎廷斯
Tocantins

巴伊亞
Bahia

SALVADOR

阿拉戈斯
Alagoas

塞爾希培
Sergipe

秘魯

玻利維亞

BRASÍLIA

薩立那斯
SALINAS

GOIÂNIA

米納斯吉拉斯
Minas Gerais

南馬托格羅索
Mato Grosso
do Sul

BELO
HORIZONTE

聖埃斯皮里圖
Espírito Santo

聖保羅
São Paulo

SÃO PAULO

里約熱內盧
Rio de Janeiro

巴拉圭

智利

RIO DE
JANEIRO

「卡夏莎」（Cachaça）
一詞受到保護，專指巴
西甘蔗製成的烈酒。

巴拉拿
Paraná

CURITIBA

北

阿根廷

聖卡塔里納
Santa Catarina

南里約格蘭德
Rio Grande
do Sul

PORTO ALEGRE

烏拉圭

	1 000以上
	500～999
	300～499
	200～299
	50～199
	0～49

0   200   400 km

各州的卡夏莎品牌數量

卡琵莉亞
CAÏPIRINHA

－卡夏莎 **50** 毫升
－青檸檬 **1** 個
－紅糖 **2** 小匙
－冰塊 **4** 顆，打碎

檸檬切八等分。檸檬片和糖一起
搗碎。加入碎冰，然後倒入卡夏
莎。攪拌至糖溶化。立即享用！

不同類型的卡夏莎

檸檬、蔗糖、
茴香、椰奶

柳橙、新鮮麵包、
蜂蜜、玉米

銀色
（Prata）

未經桶陳

金黃
（Ouro）

混調用的烈酒中，
至少50%經一年以上桶陳

芒果、肉桂、
咖啡、香蕉

百香果、辣椒、
烤麵包、焦糖

優質
（Premium）

100%桶陳一至三年

超優質
（Extra-premium）

100%桶陳至少三年

Pisco d'Amérique du Sud

南美洲
皮斯可

皮斯可是秘魯和智利極受歡迎的葡萄烈酒，竟是引發兩國之間競爭的關鍵：兩者皆宣稱自己發明了這款酒飲。

皮斯可首府
秘魯：皮斯可
（Pisco）

智利：皮斯可艾齊
（Pisco Elqui）

每年產量（百萬公升）
45

每公升酒精濃度
30～48%

優質酒款每瓶價格
（750毫升）
10歐元

啊！這杯皮斯可！這杯皮斯可！真是我人生中最美好的一日！

阿道克船長，摘自
《丁丁歷險記：太陽神的囚徒》

起源

探討皮斯可（Pisco）的起源是很敏感的話題，因為秘魯和智利的爭論難分難解。這款酒飲在該地區極受歡迎，因此**西班牙殖民者才是皮斯可的起源**獲得皮斯可的「所有權」是至高的國家驕傲。兩國總是相繼提出新證據，證明自己才是皮斯可的創造者。不過，可以確定的是，這款酒飲源自西班牙殖民者。他們在秘魯的伊卡（Ica）大區找到一片有利於葡萄種植的土地，在那裡釀造葡萄酒，甚至出口到西班牙。為了保護西班牙的葡萄酒，皇室禁止這項出口，人們因此想出將葡萄酒製成烈酒，也就是皮斯可。這個名稱可能來自陶甕在當地方言的名字「Pisko」，當地便是用陶甕存放此款烈酒。

秘魯皮斯可和智利皮斯可的風味與製造方法皆不相同。智利皮斯可通常以橡木桶陳年，秘魯皮斯可則不經陳放。使用的葡萄品種亦不相同。不過在兩國中，皮斯可皆在太平洋沿海沙漠之炎熱綠洲生產。

品飲

由於大受全體人民喜愛，皮斯可的價位和品質非常多元，從便宜實惠到絕佳品質應有盡有。優質皮斯可能純飲，不過通常製成調酒飲用，調酒的光環甚至幾乎超過烈酒本身，也就是皮斯可沙瓦（Pisco Sour），1920年代由美國調酒師發明，他成功混合皮斯可、青檸檬、蛋白和冰塊製成調酒。Salud！

重要日期

1551年	→	1733年	→	1931年	→	1988年
西班牙殖民者首度帶入來自加納利群島的葡萄品種。		「pisco」最早的書面紀錄，做為葡萄烈酒的名字。		智利宣布皮斯可為國飲。		秘魯官方宣布「pisco」一字屬於該國的文化遺產。

哥倫比亞

厄瓜多

瓜亞基爾灣

TUMBES

TALARA
SULLANA
PIURA

IQUITOS

CHICLAYO

CAJAMARCA

TRUJILLO

CHIMBOTE

PUCALLPA

巴西

利馬 □ *Lima*
HUANCAYO

秘魯

皮斯可 ○
AYACUCHO

○ICA

Ica

CUZCO

Arequipa

JULIACA
Lac
PUNO *Titicaca*

AREQUIPA ○

Moquegua

Tacna

TACNA

ARICA

玻利維亞

南太平洋

IQUIQUE

CALAMA

ANTOFAGASTA

智利

Atacama

COPIAPÓ

北

Coquimbo

LA SERENA

皮斯可艾齊
PISCO
ELQUI

阿根廷

VALPARAÍSO

0   200   400 km

□

聖地牙哥

皮斯可沙瓦
PISCO SOUR

－皮斯可 **300** 毫升
－青檸汁 **100** 毫升
－蔗糖糖漿 **100** 毫升
－蛋白 **1** 份＋**1** 小匙精緻砂糖打發
－安格仕苦精數滴
－冰塊 **4** 個，打碎

混合皮斯可、檸檬汁和蔗糖糖漿。
蛋白與一小匙糖打發，然後與其餘
材料混合。取四個酒杯，飲用前每
杯放入一顆冰塊份的碎冰。每杯表
面滴 **2** 滴安格仕苦精。

1936 年，智利人將尤尼昂市
（ville de La Uníon）改名為
「皮斯可艾齊」，以加深身為
皮斯可創造者的訴求。

Guaro du Costa Rica

哥斯大黎加
瓜羅酒

瓜羅是國民烈酒，合法與非法的產量幾乎不相上下，滋味介於蘭姆酒與伏特加之間，是哥斯大黎加人最喜愛的酒飲。

瓜羅首府
聖荷西
（San José）

每年產量（百萬公升）
6

每公升酒精濃度
30%

優質酒款每瓶價格
（700毫升）
8 歐元

> 瓜羅就是哥斯大黎加的月光酒。

來自禁酒令時期的美國私釀酒，
即「在月光下」生產的酒。

起源

瓜羅是一種溫和的蘭姆酒，由甘蔗製成，屬於「燃燒之水」（Agaudiente）大家族，這些是拉丁美洲極受歡迎的烈酒，每個國家都有自己的配方：葡萄酒烈酒、茴香利口酒等等。在哥斯大黎加和宏都拉斯稱為「瓜羅」（Guaro），**瓜羅酒屬於「燃燒之水」大家族** 名稱來自原住民部落瓜羅（Guaros），不過並沒有任何證據顯示瓜羅酒源自此部落。1850 年，瓜羅酒的飲用量之大，使這款酒飲的生產必須轉為國有化。市面上經常有危險的假酒，使用純糖或糖果取代來自蔗糖的糖蜜。1853 年起，成立「國家製酒廠」（Fábrica Nacional de Licores，Fanal），唯有國家蒸餾廠生產的瓜羅酒才允許販售。

品飲

瓜羅酒的風味偏中性，可以單獨飲用，不過絕少如此建議，根據謠言和傳說，瓜羅酒有令人失去知覺的特性。通常瓜羅酒會搭配果汁、汽水或製成調酒飲用：愛吃辣的人可以喝遠近馳名的「辣椒瓜羅」（Chiliguaro），也有瓜羅沙瓦（Guaro Sour），等同秘魯或智利的「皮斯可沙瓦」。

國家製酒廠生產三種類型的瓜羅酒：最常飲用的首長瓜羅酒（Cacique Guaro），酒標為紅色；特級首長瓜羅酒（Cacique Guaro Superior），比起前者更強勁些，香氣更豐富鮮明，很適合正式品飲；最後是朗克羅拉多（Roncolorado），略呈琥珀色，酒精濃度 30%，入口香甜迷人，可做為消化酒品飲，或是用於製作糖果。Salud ！

重要日期

1850年 →	1853年 →	1980年
政府頒布法令：由國家負責生產酒類，對抗假酒。	國家製酒廠（Fanal）誕生。	推出首長瓜羅酒（Cacique Guaro）品牌，此為國家製酒廠的指標性商品。

瓜納卡斯特
Guanacaste

COCO
○ LIBERIA

TAMARINDO
PARAÍSO ○ SANTA CRUZ
○ CAÑAS

國家製酒廠
Fábrica Nacional
de Licores

ALAJUELA

PUNTARENAS ○ ESPARTA
聖荷西

○ GUAPILES ○ CARMEN
○ SIQUIRRES
○ TURRIALBA

○ PUERTO LIMÓN
○ PUERTO VIEJO

○ SAN ISIDRO

BUENOS AIRES

Golfe de
Papagayo

Cap
Ste-Helena

Golfe de
Nicoya

Cap Blanc

北 太 平 洋

Baie de
Coronado

Isla del Caña

Golfe
Dulce

Cap
Matapalo

Pointe
Biurica

尼加拉瓜

Pointe
Castilla

加 勒 比 海

北

巴拿馬

□ 哥斯大黎加的甘蔗產區

0　15　30 km

瓜羅沙瓦
CHILIGUARO

—瓜羅酒 40 毫升
—糖 2 小匙
—青檸檬切 6 等份
—冰塊
—汽水（口味隨意）

瓜羅酒、糖和青檸檬放入威士忌杯。
混合所有材料，並壓出檸檬汁。材料
留在杯中，加入冰塊。倒入適量汽
水。即可飲用！

辣椒瓜羅
GUARO SOUR

—酋長瓜羅酒 7.5 毫升
—番茄汁 30 毫升
—檸檬汁 5 毫升
—塔巴斯科辣醬 3 小匙

一口杯杯緣抹鹽。所有材料倒入雪克
杯搖盪均勻。倒入杯中即可飲用！

國家蒸餾廠的新設廠地點
曾發現考古遺跡，此處
為該國最古老的原住民遺
址之一。瓜羅酒的國家
品牌因此叫做「Cacique
Guaro」，其中「cacique」
在西班牙人入侵之前的語
言之意為「酋長」。

美國印度淡艾爾

魁北克蘋果冰酒

加州葡萄酒

肯塔基波本威士忌

墨西哥梅茲卡爾

加勒比海蘭姆酒

北美洲

一如南美洲，北美洲也深受殖民者的民族影響。愛爾蘭移民很快就開始以在肯塔基平原大量生長的玉米製作威士忌；法國人則在魁北克地區忙著釀造蘋果氣泡酒；西班牙人在加州北部種下第一批葡萄藤。在宗教團體的壓力下，禁酒令（1919～1933年）在美國標誌著一段禁止生產、販售和飲酒的時期。這段時期處於深沉的社會危機中，並且也對國界以外產生衝擊。尤其是歐洲的葡萄酒與威士忌生產者，將失去海外的主要市場。

Rhum des Caraïbes

加勒比海 蘭姆酒

今日，海盜已非常罕見，不過甘蔗仍是這片熱帶群島的王者。

蘭姆酒首府
聖皮耶，馬丁尼克島
（Saint-Pierre, Martinique）

每年產量（百萬公升）
450

每公升酒精濃度
40 ～ 45%

優質酒款每瓶價格
（700毫升）
30歐元

蘭姆酒並非罪惡，而是
生存之道。

作家海明威
（Ernest Hemingway，
1899 ～ 1961 年）

起源

蘭姆酒（Rhum）的農業史和巨大的製糖產業交織纏繞。兩百年間，加勒比海的甘蔗田提供歐洲所需的糖。但是，一切在 1806 年拿破崙實施大陸封鎖令後產生劇變。他禁止英國船隻靠岸，在歐洲進行商品交易，以削弱大英帝國的財力。由於糖也透過相同的船隻運達歐洲，他必須另外想辦法滿足歐洲人的需求。1811 年，一位法國化學家發明以甜菜根製糖的方法。由於更適合歐洲的氣候，甜菜根搶走了甘蔗的地位，甘蔗則被棄之不顧。現在，這些白色黃金該何去何從？生產者明白必須為他們的主打產品另闢蹊徑：這就是蘭姆酒的崛起。島嶼的熱帶氣候和火山質土壤為甘蔗提供獨特的風土。在某些較多高山的島嶼，如馬丁尼克島，更強調風土概念。依照不同海拔和海風吹拂的程度，每個地區出產的甘蔗也不盡相同。這些變化對加勒比海蘭姆酒的多樣性大有助益。

品飲

蘭姆酒有三大家族：法式風格蘭姆酒，即農業型蘭姆酒（Rhum Agricole），偏植物香氣；西班牙風格蘭姆酒（Ron），風味溫和甜美；英國風格蘭姆酒（Rum），帶辛香料氣息。這些特色和風土沒有關聯，而是反映了歐洲本土的不同偏好。至於品飲，會從最年輕的蘭姆酒喝到陳年時間最長的蘭姆酒；若年份相同，則會從風味最細緻喝到香氣最濃郁的酒款。一如所有烈酒，無須搖晃杯中的蘭姆酒，這麼做可能會加速香氣發散，進而過度刺激鼻子。蘭姆酒有如一趟旅程，那麼祝你一路順風啦！Santé、Cheers 或 Salud（看你選哪一種蘭姆酒）。

重要日期

1493年 →	1811年 →	1996年
甘蔗原產於亞洲，抵達加勒比海。	歐洲發現可用甜菜根製糖。	馬丁尼克島的農業型蘭姆酒獲得法定產區認證。

大 西 洋

墨 西 哥 灣

巴哈馬

古巴

墨西哥

海地　　多明尼加共和國

牙買加

波多黎各

貝里斯

瓜地洛普
Guadeloupe

地馬拉　　宏都拉斯　　　　　加 勒 比 海　　　　　　安地列斯群島　　聖皮耶
Antilles

薩爾瓦多　　　　　　　　　　　　　　　　　　　　　馬丁尼克
Martinique

尼加拉瓜

北

哥斯大黎加

巴拿馬　　　　　　　　　　委內瑞拉

哥倫比亞

0　100　200 km

蘭姆酒的香氣

甘蔗

是高大的熱帶
草本植物，高度
為 2 ～ 6 公尺

原產於亞
洲的植物

依照不同品
種，顏色從黃
色到紫色皆有

偏好緯度為美國
以南和巴西以南
之間的氣候

新鮮甘蔗、橙花、
檸檬、穀物

農業型蘭姆酒
（Rhum Agricole）
法國風格
產區：馬丁尼克和
瓜德洛普（aguardiente）

香草、榛果、
蜂蜜、甘草

糖蜜蘭姆酒
（Ron de Mélasse）
西班牙風格
產區：古巴、多明尼加共和國、
巴拿馬

肉桂、可可、
雪茄、胡椒

蘭姆酒
（Rum）
英國風格
產區：牙買加、千里達及
托巴哥（Trinité-et-Tobago）

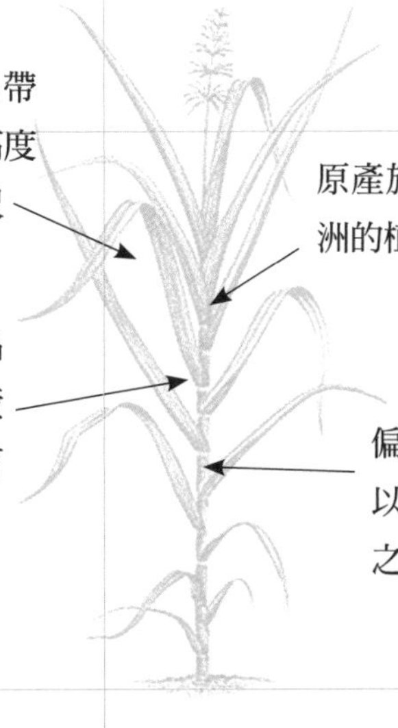

「天使的分享」（part des anges）是一
種酒精在培養過程蒸發的現象，在熱帶
緯度最為明顯。事實上，在潮濕炎熱氣
候之下，每年約有 8 ～ 10% 的「天使的
分享」，在溫帶地區則只有 1 或 2%。

183

Mezcal mexicain

墨西哥
梅茲卡爾

梅茲卡爾是全世界最複雜又令人好奇的烈酒之一。讓我們一起來瞧瞧,這款僅在墨西哥生產的龍舌蘭烈酒,如何走出陰影,成為全國的驕傲。

梅茲卡爾首府
聖地亞哥瑪塔蘭
(Santiago Matatlán)

每年產量(百萬公升)

6

每公升酒精濃度

35 ～ 55%

優質酒款每瓶價格

35 歐元

梅茲卡爾不是用喝的,而是用親吻的。

墨西哥俗諺

起源

梅茲卡爾(Mezcal)的歷史和墨西哥歷史緊密相連,因此也與西班牙歷史有關。西班牙人抵達之前,當地文明便已經透過發酵龍舌蘭汁液生產宗教用酒飲:普逵酒。直到西班牙人抵達,**梅茲卡爾和墨西哥歷史緊密相連** 才有了最早的蒸餾酒。十六世紀末,面對墨西哥葡萄園的發展,並為了保護西班牙葡萄酒,西班牙國王費利佩二世(Felipe II)禁止在墨西哥種植葡萄。龍舌蘭因而取代了葡萄!從此深深紮根於當地農業。龍舌蘭的葉片可用於屋頂,有如瓦片,刺可以當做針或釘子,纖維則能用來織布。龍舌蘭從頭到腳都有功用!梅茲卡爾是美洲大陸最早的烈酒。今日,瓦哈卡州(État de Oaxaca)占全國 80% 產量。瓦哈卡的市鎮聖地亞哥瑪塔蘭則宣稱自己是梅茲卡爾首都,因為當地 90% 人口皆靠生產這款烈酒維生。

品飲

在墨西哥,梅茲卡爾不是用喝的,而是用親吻的。這點足以表現墨西哥人多麼熱愛這款烈酒!因此拋開一口杯的刻板印象,優質的梅茲卡爾可是要細細品味的。令世界各地的梅茲卡爾愛好者入迷之處,在於每個生產者獨有的釀造技 **滋味的變化** 術。從採收龍舌蘭到 **無窮無盡** 水質選擇,還有加熱用的木材,因此滋味的變化無窮無盡。一如葡萄有眾多不同釀酒品種,龍舌蘭也有生產梅茲卡爾的許多類別。因此我們可以說,即使是同一位生產者,也絕對無法製造出兩款一模一樣的梅茲卡爾。¡Salud!

重要日期

西元1世紀 → **1873年** → **1994年** → **2000年**

普逵酒(發酵的龍舌蘭汁)是最早以龍舌蘭製作的酒飲。	由於火車抵達墨西哥,首度出口至美國。	建立法定產區梅茲卡爾(Denominación de Origen del Mezcal)。	梅茲卡爾出現在紐約潮流酒吧,接著也出現在歐洲。

北

美國

TIJUANA
MEXICALI
CIUDAD JUÁREZ
HERMOSILLO
CHIHUAHUA

墨西哥灣

杜蘭戈
Durango

薩卡特卡斯
Zacatecas

MONTERREY

塔毛利帕斯
Tamaulipas

聖路易斯
San Luis Potosi

AGUASCALIENTES
GUADALAJARA
LEON

波托西
Potosi

瓜納華托
Guanajuato

MÉRIDA

MORELIA

墨西哥

北太平洋

TOLUCA
PUEBLA

VERACRUZ

格雷羅
Guerrero

瓦哈卡
Oaxaca

ACAPULCO

聖地亞哥瑪塔蘭
SANTIAGO MATATLÁN

瓜地馬拉

薩爾瓦多

「Maestro Mezcalero」（又稱 Maestra Mezcalera）意指從採收到裝瓶過程監督產品的人（男女皆有）。這項頭銜目前仍為父傳子或母傳女。

墨西哥梅茲卡七大產區

不同陳年法的梅茲卡爾香氣

檸檬、新鮮青草

年輕酒款
（Joven）
直接出自壺型蒸餾器

香草、蘋果、乾燥青草

略經陳放酒款
（Reposado）
經過二至十一個月橡木桶陳放

杏桃、焦糖、洋梨

陳年酒款
（Añejo）
橡木桶陳放十二個月以上

龍舌蘭

藍龍舌蘭在十年後會開花

需要 7 公斤的龍舌蘭心才能製成 1 公升梅茲卡爾

葉片可以長至 3 公尺

乾燥氣候的多肉植物

不同於外表，龍舌蘭並不屬於仙人掌科

「龍舌蘭」（agave）來自古希臘文「ἀγαυός」，意為「高貴」。名字也可能來自女神「阿嘉唯」（Agavé），在古希臘神話中，她是戴奧尼修斯（Dionysos）的阿姨

將近三十種龍舌蘭可用於製造梅茲卡爾

梅茲卡爾 vs. 龍舌蘭蒸餾酒

梅茲卡爾是知名的龍舌蘭蒸餾酒（Tequila）的表親。由於兩者皆以龍舌蘭蒸餾製成，因此屬於同一個家族。一般而言，龍舌蘭蒸餾酒是以工業製成生產，梅茲卡爾則保留手工傳統。製作梅茲卡爾的龍舌蘭約有三十種，不過只有一種能製作龍舌蘭蒸餾酒。龍舌蘭蒸餾酒的純度法規較不嚴格：必須使用至少 51% 龍舌蘭糖製造，梅茲卡爾則需要 80%。墨西哥每年生產的龍舌蘭蒸餾酒產量是梅茲卡爾的九倍。

**加州葡萄酒首府
沙加緬度**
（Sacramento）

每年產量（百萬公升）
2,000

每公升酒精濃度
13 ～ 14.5%

優質酒款每瓶價格
10 歐元

> 所有在加州嶄露頭角者，都會傳播出去。
>
> 美國第三十九任總統吉米·卡特
> （Jimmy Carter）

Vin de Californie

加州葡萄酒

加州葡萄酒就是美國予人的印象：有創造力、毫無框架、大膽妄為。即使年資尚淺，卻已經躋身最偉大的葡萄酒行列。

起源

加州的葡萄園也免不的特點：其誕生一如絕大多數的北美和南美國家，是由歐洲殖民者所促成，尤其是西班牙人。十九世紀時，歐洲殖民者大批湧入美國西部開始顛覆該地區。沙加緬度發現黃金之後，吸引了數以千計的人。鐵路發展也不斷推進，直到抵達應許之地：加州。殖民者在此發展葡萄園，1920 年已有兩千五百座「酒廠」。然而，橫空飛來根瘤蚜蟲病害，於 1873 年和 1890 年代兩度摧殘年輕的葡萄園。接著是 1920 ～ 1933 年之間毀滅性的禁酒令，使得「酒廠」的數量銳減至一百家以下。今日，葡萄園經過強化，結構紮實，是美國的強大的經濟驅動力：占全國 90% 產量。加州葡萄園的規畫與歐洲極不相同，大大仰賴科技而非傳統。釀造葡萄的「酒廠」通常不負責種植葡萄並以跨國企業嘉露（Gallo）為榜樣，提供各種品質等級的酒款，世界各地都能見到它們的蹤影。

品飲

葡萄園沿著太平洋海岸，長達 1,000 公里，享有清涼的海風。北海岸擁有全美國最頂尖的葡萄園：那帕谷（Napa Valley）和索諾瑪（Sonoma）是佼佼者。即使葡萄園有一百一十個葡萄品種，卡本內蘇維濃、金芬黛（Zinfandel）和夏多內仍是主流，索諾瑪有令人驚喜的黑皮諾。長久以來，美國葡萄酒被視為過於標準化，現在已越來越複雜，採用的品種也更多樣了。卡本內蘇維濃展現令人訝異的結構與陳年潛力，甚至令部分波爾多酒款汗顏。夏多內常被批評桶味和香草味過重，如今也越來越細緻高雅，獲得肯定，決心與布根地葡萄酒一爭高下。Cheers ！

重要日期

16 世紀 →	1860 年 →	1920~33 年 →	20 世紀末
西班牙殖民者在舊金山地區種植最早的葡萄藤。	歐洲殖民者大批湧入美國西部；發展出加州葡萄園。	禁酒令時期：禁止葡萄酒生產、運送、進口和出口。	加州葡萄酒獲得國際肯定。

奧勒岡

0　40　80 km

遠北
Far North

Shasta Lake

EUREKA

Goose Lake

Trinity Lakes

REDDING

Cap Mendocino

Lac Honey

北

內谷
Inland Valleys

內華達

North Yuba

Mendocino

Sacramento Valley

Nevada

Placer

Lac Tahoe

北海岸
North Coast

Lake

沙加緬度

El Dorado

Sonoma

Napa

Amador

Bodega Bay

Solano

Lodi

Los Carneros

Calaveras

富特希爾山
Sierra Foothills

OAKLAND

舊金山

MODESTO

Owens River

San Francisco Bay

聖荷西

Livermore Valley

Santa Clara

Madera

Santa Cruz

FRESNO

Monterey Bay

San Benito

San Joaquin Valley

Lac Owens

Monterey

中部海岸
Central Coast

BAKERSFIELD

太平洋

San Luis Obispo

南加州

SANTA MARIA

Santa Barbara

Los Angeles

Cucamonga Valley

SANTA BARBARA

洛杉磯

RIVERSIDE

San Miguel

Santa Cruz

LONG BEACH

ANAHEIM

Santa Rosa

Temecula Valley

Salton Sea

Santa Catalina

San Diego

San Nicolas

聖地牙哥

San Clemente

墨西哥

加州葡萄酒在 1976 年，於巴黎舉辦的盲飲會獲得國際聲望。評審團有十一位成員，其中九位是法國人，加州白酒排名優於梅索（Meursault），而紅酒則是那帕谷酒款勝過波爾多紅酒。

加州葡萄酒的香氣

桶陳相關香氣：
香草、奶油、扁桃仁
天然香氣：
檸檬、桃子、蘋果

桶陳相關香氣：
薄荷、菸草、椰子
天然香氣：
黑醋栗、櫻桃、甘草

夏多內

卡本內蘇維濃

187

印度淡艾爾首府
波特蘭
（Portland）

每年產量（百萬公升）
1,333

每公升酒精濃度
6%

優質酒款每瓶價格
（330毫升）
3.5 歐元

> 無庸置疑，啤酒是人類有史以來最偉大的發明。我承認車輪的發明確實很有意義，不過車輪和披薩卻不是搭。

美國幽默作家大衛·貝瑞
（Dave Barry）

IPA des États-Unis

美國
印度淡艾爾

印度淡艾爾（India Pale Ale，IPA）是充滿歷史與啤酒花的啤酒。

起源

印度淡艾爾（IPA）在歐洲與印度最早開始貿易的時代於英國誕生。傳說為了挺過旅行，會在啤酒添加大量啤酒花，當時人們剛發現啤酒花的防腐功效。不過，這段歷史似乎比較接近啤酒廠的公關故事，而非真正的史實。接著，由於依照酒精濃度計算稅金，加上第一次與第二次世界大戰徵用，這種風格的啤酒**印度淡艾爾誕生於英國** 幾乎被世人遺忘。一直到 1980 年代，美國小型啤酒廠重新興起，印度淡艾爾才重回舞臺。很快地，印度淡艾爾成為致力於生產（極）優質啤酒的精釀運動的象徵。2000 年初，歐洲幾乎日日都有新的手工啤酒釀酒廠或專賣當地啤酒的新酒吧。看看你家附近的街角，出現精釀酒吧只是遲早的事。

品飲

啤酒花是啤酒的辛香料，能讓釀造者探索無窮盡的風味與香氣。一如葡萄酒的**啤酒花是啤酒的辛香料** 葡萄品種，啤酒花也有上百個品種。每個品種都反映其風土，展現特有的香氣，為你的啤酒定調。第一次喝下第一口印度淡艾爾時，絕對會令你大開眼界。這種風格十足濃郁，在口中的尾韻悠長，散發帶果香的苦味。Cheers！

重要日期

1632年 → 1835年 → 1980年

美國建造第一座啤酒釀造廠。

英國首度提及「送往印度的淡艾爾」（India Pale Ale）。

美國興起微型啤酒釀酒廠革命。

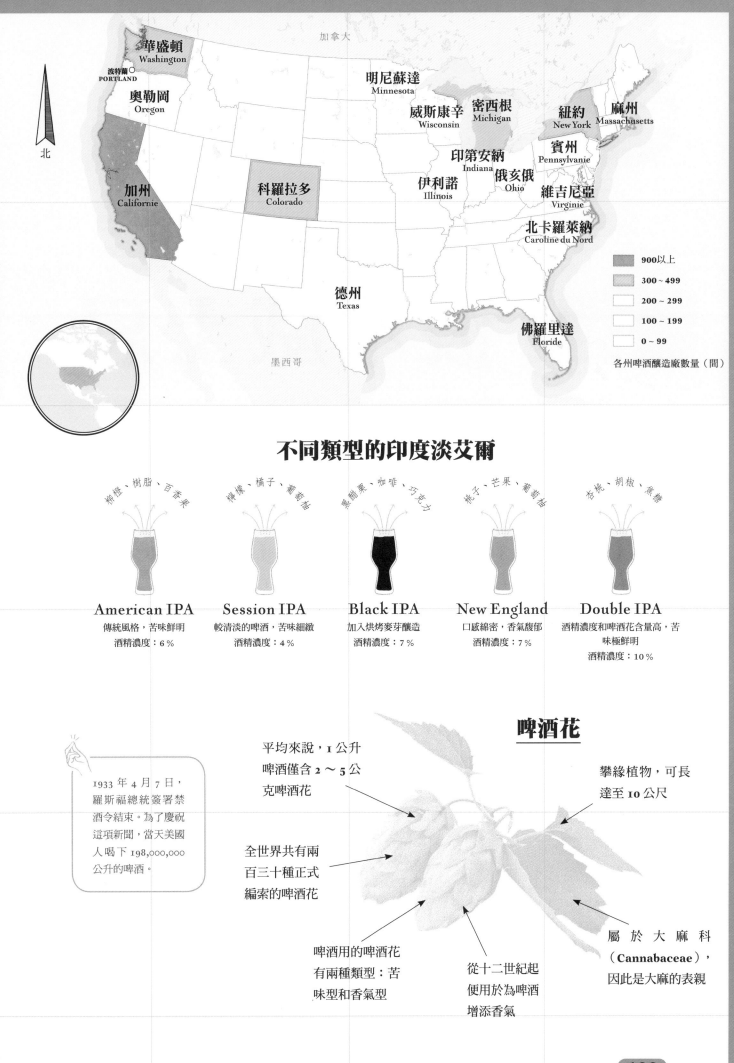

北

華盛頓
Washington

波特蘭
PORTLAND

奧勒岡
Oregon

加州
Californie

加拿大

明尼蘇達
Minnesota

威斯康辛
Wisconsin

密西根
Michigan

紐約
New York

麻州
Massachusetts

印第安納
Indiana

賓州
Pennsylvanie

伊利諾
Illinois

俄亥俄
Ohio

維吉尼亞
Virginie

科羅拉多
Colorado

北卡羅萊納
Caroline du Nord

德州
Texas

佛羅里達
Floride

墨西哥

	900以上
	300～499
	200～299
	100～199
	0～99

各州啤酒釀造廠數量（間）

不同類型的印度淡艾爾

柳橙、樹脂、百香果

檸檬、橘子、葡萄柚

黑醋栗、咖啡、巧克力

桃子、芒果、葡萄柚

杏桃、胡椒、焦糖

American IPA
傳統風格，苦味鮮明
酒精濃度：6％

Session IPA
較清淡的啤酒，苦味細緻
酒精濃度：4％

Black IPA
加入烘烤麥芽釀造
酒精濃度：7％

New England
口感綿密，香氣馥郁
酒精濃度：7％

Double IPA
酒精濃度和啤酒花含量高，苦味極鮮明
酒精濃度：10％

啤酒花

1933 年 4 月 7 日，羅斯福總統簽署禁酒令結束。為了慶祝這項新聞，當天美國人喝下 198,000,000 公升的啤酒。

平均來說，1 公升啤酒僅含 2～5 公克啤酒花

攀緣植物，可長達至 10 公尺

全世界共有兩百三十種正式編索的啤酒花

啤酒用的啤酒花有兩種類型：苦味型和香氣型

從十二世紀起使用於為啤酒增添香氣

屬 於 大 麻 科（**Cannabaceae**），因此是大麻的表親

189

Bourbon du Kentucky

肯塔基
波本威士忌

這是美國最知名的酒飲，誕生於美國肯塔基州的廣闊田野中。其名稱來自法國國王路易十六的朝代：波旁王朝。

起源

1792 年，肯塔基成為美國的第十五個州，處處都是廣大的田野，是玉米茁壯生長的鄉村之州。十九世紀初，蘇格蘭和愛爾蘭移民在此地落腳，由於沒有大麥，便試著以玉米製造烈酒，並將之命名為「波本」（Bourbon），名稱來自這款酒誕生的波旁縣（comté de Bourbon），其首府就叫做「巴黎」（Paris）：這是向在獨立戰爭時伸出重要援手的法國人保證兩國之間的情誼。波本威士忌現在遵守較嚴格的法規，才能取得命名，雖然可以在肯塔基州以外的地方生產，不過混合穀物中必須含有至少 51% 玉米。波本威士忌的另一個特色，則是以煙燻白橡木桶陳年，這也是為何能如此快速成熟的原因（至少三年）。

接著，木桶會回收用於陳放蘇格蘭威士忌、葡萄酒或陳年蘭姆酒。絕大多數的波本威士忌都在肯塔基州生產，少數則在附近的田納西州製造。這是非常能吸引觀光客的手段，為波本威士忌誕生的搖籃，也就是由巴茲頓、法蘭克福（Frankfort）和路易維爾（Louisville）構成的金三角，全年度帶來絡繹人潮。

品飲

波本的香氣取決於陳年程度：較年輕的酒款（約四至五年）帶有香草氣息，略帶木質調和花香；陳放八年的波本威士忌則有蜂蜜、辛香料、焦糖和鮮明的香草香氣；最老的波本威士忌（十二至十八年）散發強烈鮮明的木質香氣，同時保有香草糖的香味。傳統飲用法，是倒入厚底玻璃杯且不加冰塊常溫品飲，不過加入少許水有助於散發香氣。

波本威士忌首府
巴茲頓
（Bardstown）

每年產量（百萬公升）
170

每公升酒精濃度
40 ～ 50%

優質酒款每瓶價格
（700毫升）
30歐元

蘇格蘭和愛爾蘭移民試著以玉米製造烈酒

"
美味的波本、優質的菸草、速度極快的馬匹，還有美麗的女人。
"

肯塔基四大基石

重要日期

1800年	→	1820年	→	1964年
第一批蘇格蘭和愛爾蘭移民定居肯塔基地區。		首度出現「波本」（Bourbon）一詞，指稱威士忌。		美國國會對波本採取法律規範：波本威士忌必須在美國生產。

俄亥俄

印第安納

COVINGTON

波本金三角

路易維爾
LOUISVILLE

法蘭克福
FRANKFORT

伊利諾斯

HENDERSON

LEXINGTON

OWENSBORO

巴茲頓
Bardstown

RICHMOND

PAINTSVILLE

MADISONVILLE

PADUCAH

HAZARD

JENKINS

BOWLING GREEN

SOMMERSET

維吉尼亞

HOPKINSVILLE

SCOTTSVILLE

FULTON

田納西

北

0　20　40 km

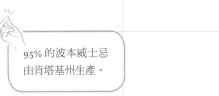

95% 的波本威士忌
由肯塔基州生產。

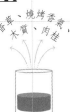

老式經典

OLD FASHIONED

－氣泡水

－方糖 1 個

－安格仕苦精 1 滴

－波本 50 毫升

－柳橙 1 個（取皮）

美國威士忌的主要類型

辛香料、水果

青草、花朵、水果

香草、燒烤香氣、木質、肉桂

裸麥威士忌
（Rye Whiskey）
裸麥含量至少51％

玉米威士忌
（Corn Whiskey）
玉米含量至少80％

波本威士忌
（Bourbon）
玉米含量至少51％

在調酒杯中混合材料。方糖吸飽安格仕苦精，與橙皮在杯底一起壓碎，直到方糖完全溶化。裝滿冰塊，倒入波本威士忌，最後注入氣泡水。倒入「古典杯」。以橙皮和馬拉斯奇諾櫻桃裝飾。

191

Cidre de glace du Québec

魁北克
蘋果冰酒

加拿大東部的冬季凜冽酷寒，蘋果在採收前就結凍了。

蘋果冰酒首府
漢明佛特
（Hemmingford）

每年產量（百萬公升）
250,000

每公升酒精濃度
9 ～ 13%

優質酒款每瓶價格
（375毫升）
30歐元

蘋果冰酒，就是蘋果與寒冷在魁北克的結晶。

魁北克蘋果酒農法蘭索瓦・普利歐
（François Pouliot）

起源

十六世紀，歐洲殖民者在探索美洲時，魁北克由於沒有金礦，因此不太引人覬覦，甚至放棄此地。然而，布列塔尼、巴斯克和諾曼地的水手持續在此區凍結的水上往來，尋找鯨魚和鱈魚。也是同一群水手，決定在大西洋的彼岸落地生根。然而，巴斯克、布列塔尼和諾曼地人的共同點究竟是什麼？那就是蘋果氣泡酒！他們是最早在北美洲種植歐洲蘋果樹的移民。很快地，這片冬季嚴酷凜冽的山坡便布滿了果樹。魁北克從四百年前便製造蘋果氣泡酒，不過直到1989年冬季才發明蘋果冰酒（Cidre de Glace）：這是以
蘋果自然結凍
自然結凍的蘋果汁液發酵而成的瓊漿玉液。生產者選擇成熟也不會落果的特定蘋果品種。這些蘋果掛在樹梢，在寒冷的作用下略為「灼燒」。採收後必須在12月1日和3月1日之間榨汁。

品飲

蘋果在寒冷作用下脫水，使得糖分和香氣集中。最好的蘋果冰酒可以存放五至十年。製成的蘋果酒為「靜止」狀態，也就是沒有氣泡。只看外觀，蘋果冰酒有如甜葡萄酒，鼻子靠近酒杯時，散發
這類酒款數量稀少、價格不菲 熟蘋果、焦糖、糖煮水果、辛香料和蜂蜜的香氣。這種酒數量稀少、價格不菲，很適合搭配煎肥肝、水果甜點、甜食或藍紋乳酪。蘋果冰酒現在已成為魁北克的美食象徵。Santé！

重要日期

1617年 → 1910年 → 1989年 → 2014年

法國人路易・艾伯（Louis Hébert）在魁北克種植第一批蘋果樹。

魁北克實施禁酒令。

首度生產蘋果冰酒。

建立「蘋果冰酒」（Cidre de Glace）法定產區。

拉布拉多灣

哈德森灣

魁北克省

SAGUENAY

查爾瓦克斯
Charlevoix

洛朗蒂德
Laurentides

魁北克

SUDBURY

丘迪耶
Chaudière

蒙特婁

渥太華 □

蒙泰雷吉
Montérégie

HEMMINGFORD

紐芬蘭島

多倫多

LONDON

HALIFAX

HAMILTON

美國

☐ 魁北克主要的蘋果種植區

0   150   300 km

蘋果氣泡酒的香氣

新鮮蘋果、布里歐修、香草

熱蘋果、糖煮杏桃、肉桂

熱蘋果、焦糖、蜂蜜

玫瑰、草莓、蔓越莓

10 公斤的蘋果僅能製
造出 1 公升蘋果冰酒，
原料用量是傳統蘋果
氣泡酒的四倍。

蘋果氣泡酒
（Cidre）
依照含糖量，有不甜、
微甜與甜型

蘋果冰酒
（Cidre de Glace）
蘋果因寒冷而脫水並
集中香氣

蘋果熱酒
（Cidre de Feu）
蘋果受熱而脫水並集中香氣

粉紅蘋果酒
（Cidre Rosé）
顏色來自紅肉品種的蘋果

本書酒款族譜

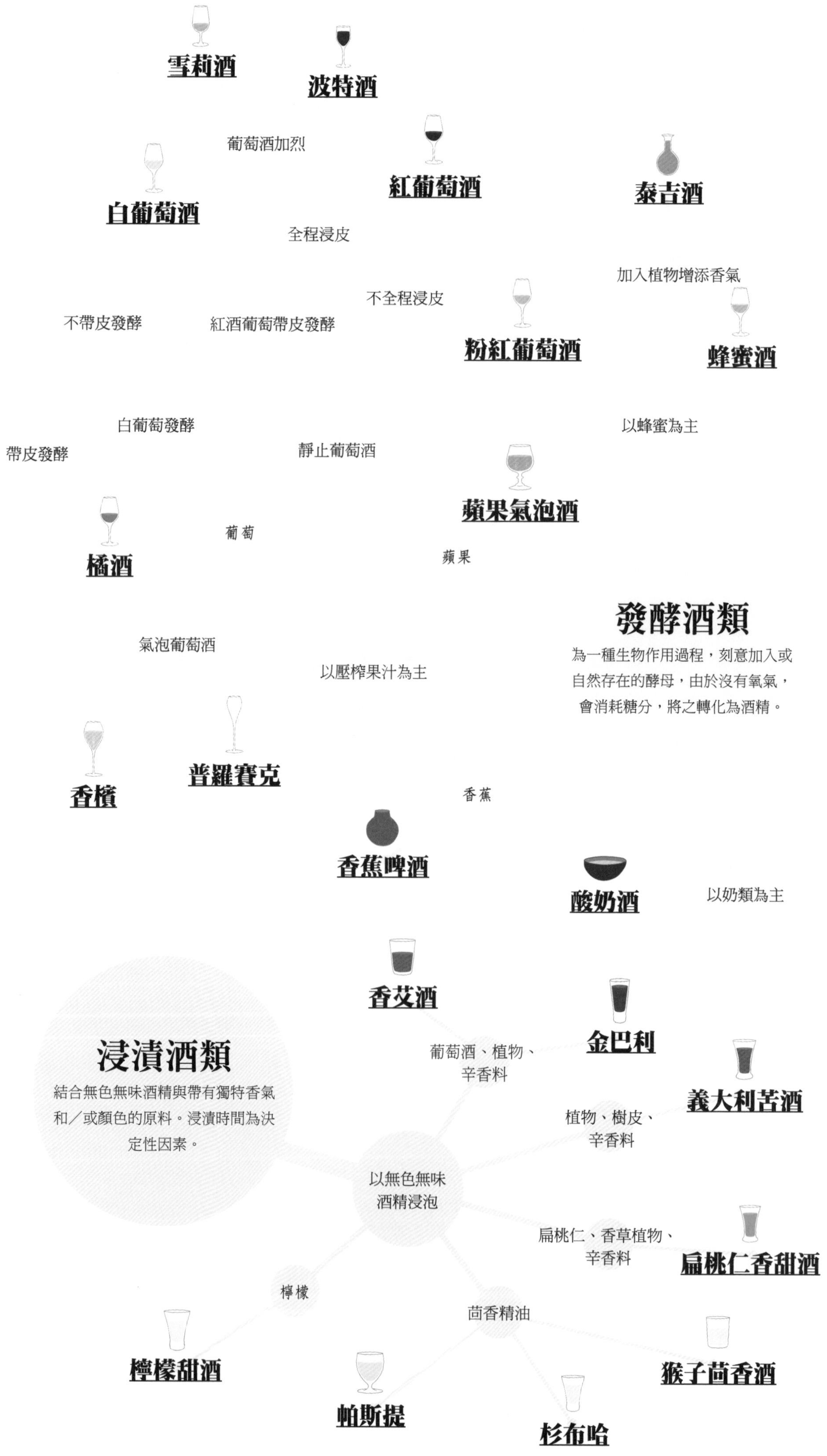

雪莉酒

波特酒

葡萄酒加烈

白葡萄酒

紅葡萄酒

泰吉酒

全程浸皮

加入植物增添香氣

不全程浸皮

不帶皮發酵　　紅酒葡萄帶皮發酵

粉紅葡萄酒

蜂蜜酒

白葡萄發酵　　　　靜止葡萄酒

以蜂蜜為主

帶皮發酵

蘋果氣泡酒

葡萄

橘酒

蘋果

發酵酒類

為一種生物作用過程，刻意加入或
自然存在的酵母，由於沒有氧氣，
會消耗糖分，將之轉化為酒精。

氣泡葡萄酒

以壓榨果汁為主

普羅賽克

香蕉

香檳

香蕉啤酒

酸奶酒　　　以奶類為主

香艾酒

浸漬酒類

結合無色無味酒精與帶有獨特香氣
和／或顏色的原料。浸漬時間為決
定性因素。

葡萄酒、植物、
辛香料

金巴利

義大利苦酒

植物、樹皮、
辛香料

以無色無味
酒精浸泡

扁桃仁、香草植物、
辛香料

扁桃仁香甜酒

檸檬

茴香精油

檸檬甜酒

帕斯提

杉布哈

猴子茴香酒

194

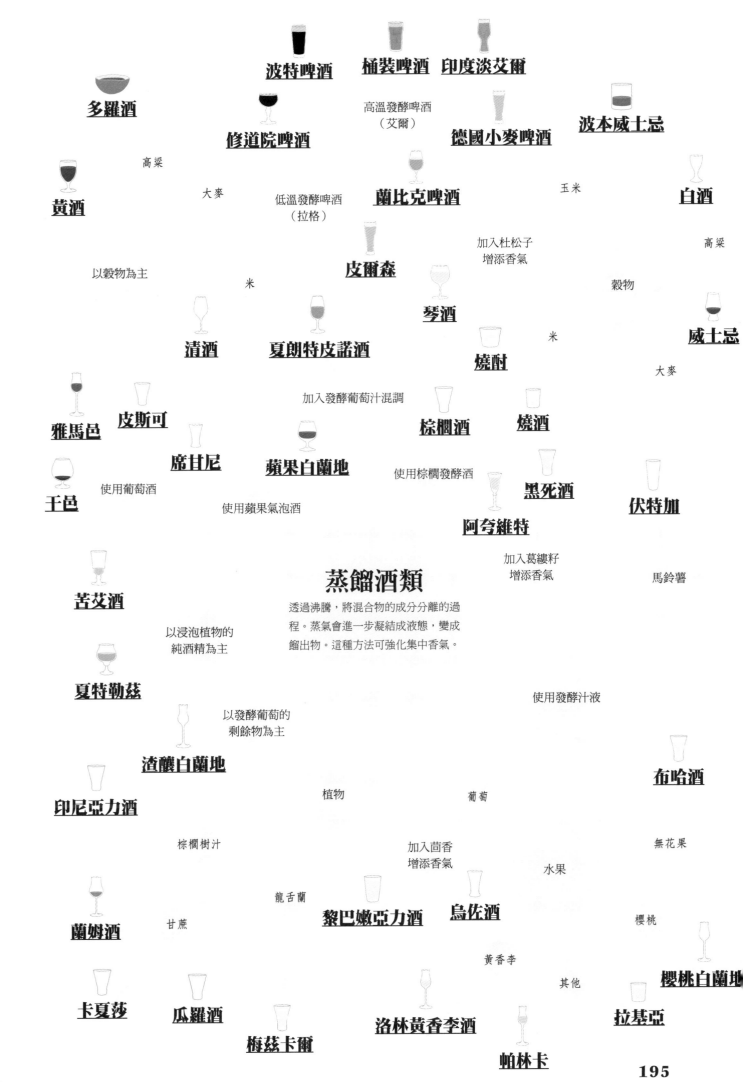

多羅酒

波特啤酒　桶裝啤酒　印度淡艾爾

修道院啤酒

高溫發酵啤酒
（艾爾）

德國小麥啤酒

波本威士忌

高粱

黃酒

大麥

低溫發酵啤酒
（拉格）

蘭比克啤酒

玉米

白酒

高粱

以穀物為主

米

皮爾森

加入杜松子
增添香氣

穀物

清酒

夏朗特皮諾酒

琴酒

米

威士忌

燒酎

大麥

雅馬邑

皮斯可

加入發酵葡萄汁混調

棕櫚酒

燒酒

席甘尼

蘋果白蘭地

使用棕櫚發酵酒

黑死酒

伏特加

干邑

使用葡萄酒

阿夸維特

使用蘋果氣泡酒

加入葛縷籽
增添香氣

馬鈴薯

苦艾酒

以浸泡植物的
純酒精為主

蒸餾酒類

透過沸騰，將混合物的成分分離的過
程。蒸氣會進一步凝結成液態，變成
餾出物。這種方法可強化集中香氣。

夏特勒茲

以發酵葡萄的
剩餘物為主

使用發酵汁液

渣釀白蘭地

布哈酒

印尼亞力酒

植物

葡萄

棕櫚樹汁

加入茴香
增添香氣

無花果

水果

蘭姆酒

甘蔗

龍舌蘭

黎巴嫩亞力酒

烏佐酒

櫻桃

黃香李

其他

櫻桃白蘭地

卡夏莎

瓜羅酒

洛林黃香李酒

拉基亞

梅茲卡爾

帕林卡

195

酒款索引

參考書目

書籍

Don PHILPOT，《The World Of Wine and Food》，Rowman & Little eld，2017

艾米·史都華（Amy STEWART），《醉人植物博覽會》（*The Drunken Botanist: The Plants That Create the World's Great Drinks*），周沛郁／譯，台灣商務出版，2015

Adrienne SAULNIER-BLACHE，《Le Guide du saké en France》，Keribus Éditions，2018

Martine NOUET，《La Petite Histoire du whisky》，J'ai，2018

Hugh JOHNSON，《Une histoire mondiale du vin》Hachette，2012

網站

www.camra.org.uk/

www.lescoureursdesboires.com/

www.mapadacachaca.com.br

www.whisky.fr

statista.com

blog.lacartedesvins-svp.com

環遊世界八十杯　**橫跨五大洲經典酒款，一杯接一杯展開世界品飲之旅**

原 書 名	Le Tour du Monde en 80 Verres
作 者	朱爾‧高貝特潘（Jules Gaubert Turpin）、 亞德里安‧葛蘭‧史密斯‧碧昂奇（Adrien Grant Smith Bianchi）
譯 者	韓書妍
特約編輯	魏嘉儀
總 編 輯	王秀婷
責任編輯	王秀婷
編輯助理	梁容禎
行銷業務	黃明雪、林佳穎
版 權	徐昉驊

發 行 人	凃玉雲
出 版	積木文化 104台北市民生東路二段141號5樓 電話：(02) 2500-7696　傳真：(02) 2500-1953 官方部落格：http://cubepress.com.tw/ 讀者服務信箱：service_cube@hmg.com.tw
發 行	英屬蓋曼群島商家庭傳媒股份有限公司城邦分公司 台北市民生東路二段141號11樓 讀者服務專線：(02)25007718-9　24小時傳真專線：(02)25001990-1 服務時間：週一至週五上午09:30-12:00、下午13:30-17:00 郵撥：19863813　戶名：書虫股份有限公司 網站：城邦讀書花園　網址：www.cite.com.tw
香港發行所	城邦（香港）出版集團有限公司 香港灣仔駱克道193號東超商業中心1樓 電話：852-25086231　傳真：852-25789337 電子信箱：hkcite@biznetvigator.com
馬新發行所	城邦（馬新）出版集團Cite (M) Sdn Bhd 41, Jalan Radin Anum, Bandar Baru Sri Petaling, 57000 Kuala Lumpur, Malaysia. 電話：603-90578822　傳真：603-90576622 email: cite@cite.com.my

封面設計	于 靖
內頁排版	于 靖
製版印刷	上晴彩色印刷製版有限公司

城邦讀書花園
www.cite.com.tw

國家圖書館出版品預行編目資料

環遊世界八十杯：橫跨五大洲經典酒款，一杯接
一杯展開世界品飲之旅/朱爾.高貝特潘(Jules
Gaubert Turpin), 亞德里安.葛蘭.史密斯.碧昂奇
(Adrien Grant Smith Bianch)著；韓書妍譯. -- 初版.
-- 臺北市：積木文化出版：英屬蓋曼群島商家庭傳
媒股份有限公司城邦分公司發行, 2021.09
面；　公分
譯自：Le tour du monde en 80 verres : livre de
voyage à siroter, des bières belges au whisky
japonnais
ISBN 978-986-459-343-9(平裝)

1.酒精飲料 2.葡萄酒 3.酒

427.43　　　　　　　110013157

© Marabout (Hachette Livre), Vanves, 2019
Complex Chinese edition published through The Grayhawk Agency

【印刷版】　　　　　　　　　　**【電子版】**
2021 年 9 月 7 日 初版一刷　Printed in Taiwan.　2021 年 9 月 初版
售價／880元　　　　　　　　　　ISBN 978-986-459-342-2（EPUB）
ISBN 978-986-459-343-9
版權所有‧翻印必究